NICK KLUPAK

»WAS KOSTET ES, EIN HANDY AUFZULADEN?«

und andere nützliche Mathe-Fragen

NICK KLUPAK

»WAS KOSTET ES, EIN HANDY AUFZULADEN?«

und andere nützliche Mathe-Fragen

PRAKTISCHES MATHE-WISSEN
FÜR DEN ALLTAG, DAS DU SO
IN DER SCHULE NICHT GELERNT HAST

mvgverlag

Bibliografische Information der Deutschen Nationalbibliothek
Die Deutsche Nationalbibliothek verzeichnet diese Publikation in der Deutschen Nationalbibliografie. Detaillierte bibliografische Daten sind im Internet über http://d-nb.de abrufbar.

Für Fragen und Anregungen
info@m-vg.de

Wichtiger Hinweis
Ausschließlich zum Zweck der besseren Lesbarkeit wurde auf eine genderspezifische Schreibweise sowie eine Mehrfachbezeichnung verzichtet. Alle personenbezogenen Bezeichnungen sind somit geschlechtsneutral zu verstehen.

Originalausgabe
2. Auflage 2024

Türkenstraße 89
80799 München
Tel.: 089 651285-0

Redaktion: Rainer Weber
Umschlaggestaltung: Pamela Machleidt
Umschlagabbildung: shutterstock/Bigmouse108; BNP Design Studio
Abbildungen Innenteil: Manuela Amode sowie shutterstock/kuroksta; Yevgenij_D; PCH.Vector; stockvit; 4zevar
Satz: abavo GmbH, Buchloe
Druck: CPI books GmbH, Leck
Printed in the EU

ISBN Print 978-3-7474-0592-5
ISBN E-Book (PDF) 978-3-96121-993-3
ISBN E-Book (EPUB, Mobi) 978-3-96121-994-0

Wir produzieren nachhaltig
www.m-vg.de

Weitere Informationen zum Verlag finden Sie unter
www.mvg-verlag.de
Beachten Sie auch unsere weiteren Verlage unter www.m-vg.de

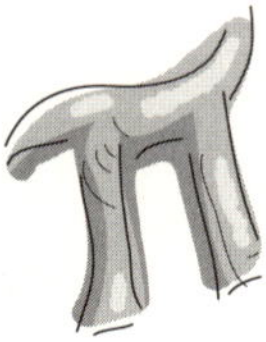

INHALT

Für unseren kleinen Sohn.

Willkommen auf der Welt. »Leben« bedeutet Abenteuer. Und »Leben« bedeutet Herausforderung. Ich wünsche dir, dass du die Welt mit offenen Augen wahrnimmst, deine Herausforderungen meisterst und deine bevorstehenden Abenteuer in vollen Zügen genießt. Mögest du mit Stolz auf dein Leben blicken. Mit dem gleichen Stolz, mit dem du mich erfüllst.

VORWORT

Der Moment, als mir meine Mitarbeiterin Anna erzählte, dass sich für ihre Tochter Mathilda eine ganz neue Welt erschließt, weil sie Lesen lernt und plötzlich alles verstehen kann, was auf Straßenschildern, der Speisekarte oder auf der Rückseite einer Cornflakes-Verpackung steht, war die Geburtsstunde dieses Buchs. Mathilda kann ihre Umgebung nun völlig neu wahrnehmen.

Was bei Buchstaben funktioniert, muss doch auch bei Zahlen möglich sein, dachte ich mir, denn auch Zahlen erschließen uns die Welt auf ihre ganz eigene Weise. Wer ein grundlegendes Verständnis der Mathematik hat und vielleicht sogar Spaß daran findet, mathematische und logische Probleme zu lösen, dem erschließt sich ebenfalls eine neue Welt: Räume, Preise, Zeit, Geschwindigkeiten, Rentabilität und vieles mehr. Mathematik begegnet uns in unserem Alltag überall! Und viele Fragen lassen sich mit ein wenig abstraktem Denkvermögen oft leichter beantworten als mit dem berühmten »Knoten im Kopf«. Also war ich mir sicher, dass es machbar sein muss, mehr Menschen die Freude an Mathematik und logischen Fragestellungen zu ermöglichen.

Aber von Anfang an. Mein Weg begann in der fünften und sechsten Klasse auf der Hauptschule. Zu Beginn der siebten Klasse wechselte ich auf die Realschule. Dort stand ich dann in der neunten Klasse auf einer 5 in Mathe.

Ja, du hast richtig gelesen! Das war sicherlich einerseits meiner Faulheit und dem Mangel an Erfolgserlebnissen geschuldet –

andererseits hatte ich damals aber auch nicht den Sinn hinter der Mathematik verstanden oder verstehen wollen. Was genau nützen einem abstrakte Formeln jenseits der Grundrechenarten im täglichen Leben? Mir war das damals nicht so recht klar. Genau in dem Jahr, als ich nach der zehnten Klasse Realschule auf die Fachoberschule wechseln wollte, hat man in Bayern dann einen Notenschnitt eingeführt.

»So viel Pech kann auch nur ich haben«, dachte ich mir. Was sich anfänglich für mich wie ein Fluch angefühlt hatte – ich war Lichtjahre von diesem Numerus clausus entfernt –, stellte sich am Ende als Segen heraus. Ich hatte nun wieder ein Ziel vor Augen und wusste, dass ich einiges ändern musste, wenn mein Weg auf der Fachoberschule weitergehen sollte.

Tatsächlich hat mein Sinneswandel Früchte getragen, sodass ich sowohl die Realschule als auch die Fachoberschule mit einer 2 in Mathe abschließen konnte und am Ende sogar Mathematik studierte. Neben der Tatsache, dass ich mein gesamtes Studium mit der Erteilung von Nachhilfeunterricht (natürlich Mathe) finanziert hatte, schloss ich das Mathe-Studium ebenfalls mit Note 2 ab. Irgendwie zog sich diese Note bei mir seit der zehnten Klasse durch.

Da mir der Nachhilfeunterricht während des Studiums mehr als nur Spaß machte, entschied ich mich letztlich auch beruflich dazu. Irgendwann 2009 gründete ich AKADEMUS – meine eigene Nachhilfeschule für alle Fächer und Schularten. Etwa zehn Jahre später startete ich meinen ersten Social-Media-Kanal. Unter *MatheMitNick* erreiche ich heute monatlich etwa 6 Millionen Menschen. Umgerechnet heißt das, dass jede Sekunde etwa zwei Menschen im deutschsprachigen Raum ein Mathe-Kurzvideo von mir sehen. Umgerechnet? Da geht's schon los. 6 Millionen Videoaufrufe im Monat sind auch 6.000.000 : 30 = 200.000 Videoaufrufe am Tag. Geteilt durch 24 erhält man gerundet 8333 Aufrufe pro Stunde. Teilt man jetzt noch durch 60 (für Aufrufe pro Minute) und anschließend noch einmal durch 60, erhält man die Aufrufe pro Sekunde. (8333 : 60) : 60 ≈ 2,3 Videoaufrufe pro Sekunde.

Eine Zusammenfassung meines Werdegangs könnte also lauten: Von einer 5 in Mathe zum Mathe-Sinnfluencer.

Meine Leidenschaft, Menschen die Mathematik näherzubringen, möchte ich auch mit diesem Buch ausleben. Daher ist das, was du gerade in Händen hältst, ein echtes Herzensprojekt für mich.

Ich habe dieses »Mathe-Buch« bewusst für Erwachsene geschrieben und richte mich nicht direkt an Schüler (indirekt natürlich schon, ab der Mittelstufe kann ich die Lektüre nur empfehlen). Vielen Erwachsenen stellen sich bei dem Wort »Mathematik« die Nackenhaare auf. Das dürfte wohl an den meist schlechten Erinnerungen an die eigene Schulzeit liegen. Berührungsängste sind nicht selten die Folge der schlechten Erfahrungen. Gleichzeitig wenden wir Mathematik viel häufiger im Alltag an, als uns manchmal überhaupt bewusst ist. Darüber hinaus kann Mathematik in vielen weiteren Alltagssituationen tatsächlich von Nutzen sein. Oft, ohne dass wir es auch nur ahnen.

Über die Inhalte dieses Buchs hinaus möchte ich es dir ermöglichen, mathematische bzw. logische Fragen, die uns ständig im Alltag begegnen, künftig selbst beantworten zu können. Natürlich könntest du vieles auch ohne dieses Buch herausfinden, indem du beispielsweise googelst (was ich übrigens für dieses Buch auch hin und wieder getan habe), deinen Nachbarn fragst oder einen Experten konsultierst. Ich meine aber, dass es manchmal gar nicht so schlecht ist, wenn man sich seine eigene Meinung bilden kann und sich selbst zu helfen weiß.

Und genau darum soll es in diesem Buch gehen. Wie kannst *du* dir die Mathematik am besten zunutze machen? Idealerweise soll das Ganze dann auch noch etwas Spaß machen. Wenn du so möchtest, soll dieses Buch ein unterhaltsamer Ratgeber für dich sein. Die Messlatte hängt also hoch.

Die Inhalte dieses Buchs folgen übrigens keinem Lehrplan aus der Schule. Außerdem ist es kein Lehrbuch, was bedeutet, dass mathematische Beweise und umfangreiche Herleitungen nur im äußersten Notfall verwendet werden. An manchen Stellen wird es vielleicht sogar notwendig sein, bewusst etwas Ungenauigkeit zuzulassen, um die Dinge unkompliziert zu halten. Das Buch erhebt darüber hinaus auch keinen Anspruch auf Vollständigkeit.

Was also kommt jetzt auf dich zu? In den ersten Kapiteln wiederholen wir ein paar Grundlagen, die entweder so interessant sind, dass sie es in dieses Buch geschafft haben, oder einfach nur für spätere Folgekapitel relevant sind. Diese vielleicht gar nicht so staubigen Grundlagen hast du schnell gelesen – versprochen. Außerdem finden sich in fast allen Abschnitten spannende Beispiele aus dem Alltag. Je nachdem, wie gut du in Mathe aufgestellt bist, kannst du die Grundlagen auch nur überfliegen oder gar überspringen. In den darauffolgenden Kapiteln widmen wir uns dann praktischeren Themen, die vielleicht sogar positiven Einfluss auf deinen Kontostand oder deine Gesundheit haben könnten – oder beides.

In allen Kapiteln findest du am Ende ein paar Übungsaufgaben, um dein Verständnis der Materie zu unterstützen. Manchmal musst du dabei rechnen, manchmal knobeln. Ich lade dich herzlich ein, sie zu lösen. Eine mögliche Lösung dieser Aufgaben findet sich dann am Ende dieses Buchs.

Einige Abschnitte habe ich in kurze Geschichten gepackt. Viele davon sind tatsächlich wahr und größtenteils mir selbst passiert. Ein paar sind auch frei erfunden oder zumindest frei erzählt nach wahren Begebenheiten. In einigen Abschnitten spreche ich auch direkt mit dir – in anderen Abschnitten schreibe ich in der dritten Person. Wenn du so willst, ist kein Abschnitt wie der andere. Ich habe mich bewusst für etwas Dynamik in meinem Buch entschieden. Außerdem sei es mir bitte verziehen, dass meine Ausführungen nicht immer gendergerecht oder genderneutral sind. Das hat ausschließlich mit dem Lesefluss zu tun und in keiner Weise mit mangelndem Respekt.

Dieses Buch soll mit Berührungsängsten gegenüber der Mathematik ein für alle Mal Schluss machen. Darüber hinaus soll es dir Mut machen, Mathematik im Alltag wieder bewusst anzuwenden. Und wenn du dabei sogar noch etwas Spaß hast, wäre das die Kirsche auf dem Sahnehäubchen. Ich wünsche dir jedenfalls sehr viel Freude mit diesem Buch und meinem damit verbundenen Herzensprojekt.

Möge die Mathematik mit dir sein.

Dein Nick

1
GAR NICHT MAL SO STAUBIGE GRUNDLAGEN DER MATHEMATIK

Es ist der 7. September 1930. Ein junger Mann betritt in Königsberg die Bühne einer Mathematiker-Tagung. Seine recht kurze Rede besteht im Kern aus einem Satz: »Man kann – unter Widerspruchsfreiheit der klassischen Mathematik – sogar Beispiele für Sätze angeben, die zwar inhaltlich richtig sind, aber im formalen System der klassischen Mathematik unbeweisbar.«[1]

Moment mal, was hat er da gerade gesagt? Es gibt mathematische Sätze, die zwar richtig sind, aber trotzdem kann man sie nicht beweisen? Es war eine Aussage, die der Gilde der damals anerkanntesten Mathematiker einen Schlag ins Gesicht verpasste. Der junge Mann hieß Kurt Gödel.

Die »Gödelschen Unvollständigkeitssätze« gehören zu den wichtigsten Sätzen der modernen Logik und weisen die Mathematik sprichwörtlich in ihre Schranken. Letztlich gibt es ein »Minimum« an mathematischen Aussagen, die man nicht beweisen kann, auf denen aber die gesamte Mathematik aufgebaut ist.

Ungeachtet der Tatsache, dass die Mathematik »unvollständig« ist, ist unbestritten, dass ihre Elemente aufeinander aufbauen. Du kannst dir die Mathematik bildlich wie ein Kartenhaus vorstellen. Die unterste Reihe, die Grundlagen, bildet das Fundament für alle Reihen darüber. Je mehr Karten in den untersten Reihen fehlen (im übertragenen Sinne sind das Wissenslücken), desto instabiler ist das Fundament. Zieht man noch ein paar Karten heraus, fällt das Kartenhaus letztendlich irgendwann in sich zusammen. Was das für meine Mathenote in der neunten Klasse bedeutet hat, hast du eventuell bereits im Vorwort gelesen.

Damit dein Kartenhaus möglichst stabil bleibt, kommen wir auch in diesem Buch nicht ganz drum herum, ein paar Grundlagen für Folgekapitel zu schaffen. Lass uns starten.

1.1 WENN 100 (KILOGRAMM) EINE BINÄRZAHL WÄRE: ZAHLENSYSTEME

Starten wir mit etwas ganz Grundsätzlichem. Beim Einkaufen im Supermarkt, beim Blick auf die Straßenschilder beim Autofahren oder während du beim Zähneputzen auf die Waage steigst und feststellst, dass deine neue Zahnbürste schon wieder zwei Kilogramm schwerer ist als deine letzte – überall begegnen uns Zahlen. Die wenigsten hinterfragen dabei, warum Zahlen so dargestellt werden, wie sie eben dargestellt werden.

In Deutschland nutzen wir die arabischen Zahlen, die eigentlich indische sind (aber das ist ein anderes Thema), erst seit ca. 700 Jahren.[2]

Zahlensysteme wiederum dienen (welch Wunder) der systematischen Darstellung von Zahlen durch Ziffern. Dabei sind die meisten Zahlensysteme polyadisch. Das Wort darfst du gerne wieder vergessen, aber die Bedeutung dahinter ist recht interessant. Bei polyadischen Zahlensystemen ist der Wert der Zahl von der Stelle der

Ziffer abhängig. Klingt komplizierter, als es ist, aber dazu kommen wir gleich.

Im Alltag nutzen wir das Dezimalsystem. Das Wort kommt aus dem Lateinischen (deci für zehn) und bedeutet letztlich, dass wir zehn verschiedene Ziffern (0–9) für unser Zahlensystem nutzen und jede Dezimalzahl (Kommazahlen wie etwa 3,45) mithilfe von Zehnerpotenzen darstellen können. Was damit gemeint ist, erläutere ich schrittweise im Folgenden.

Mathe-Reminder

10^0, 10^1, 10^2, 10^3 ... sind Beispiele für Zehnerpotenzen.

Dabei ist (siehe Abschnitt 2.5)

$10^0 = 1$

$10^1 = 10$

$10^2 = 100$

$10^3 = 1000$

und so weiter.

Was meint denn noch mal »polyadisch«? **Hier einige Beispiele:**

1. 1754 lässt sich wie folgt zerlegen:
   1 Tausender, 7 Hunderter, 5 Zehner und 4 Einer
   Oder anders geschrieben: $1 \cdot 10^3, 7 \cdot 10^2, 5 \cdot 10^1, 4 \cdot 10^0$
   Addiert ergibt sich: $1 \cdot 10^3 + 7 \cdot 10^2 + 5 \cdot 10^1 + 4 \cdot 10^0 = 1754$
2. Für 20182 gilt demnach:
   $2 \cdot 10^4 + 0 \cdot 10^3 + 1 \cdot 10^2 + 8 \cdot 10^1 + 2 \cdot 10^0 = 20182$
3. Selbst Dezimalzahlen (Kommazahlen) lassen sich durch Zehnerpotenzen unter Verwendung von negativen Ex-

ponenten darstellen (siehe Abschnitt 2.1): Für 24,38 gilt demnach:
$2 \cdot 10^{1} + 4 \cdot 10^{0} + 3 \cdot 10^{-1} + 8 \cdot 10^{-2} = 24{,}38$

Sobald du das Grundprinzip eines Zahlensystems verstanden hast, wirst du auch relativ leicht das Binärsystem verstehen. Ich meine, du wirst jetzt nicht gleich den Matrixcode entziffern können, aber für ein oder zwei einfache Beispiele sollte es reichen.

Schauen wir dazu einfach mal in die Informatik. Sicherlich weißt du, dass dort Einsen und Nullen eine wichtige Rolle spielen. Und wahrscheinlich hast du auch schon einmal eine Zahl wie diese hier gesehen: 10110.

Mit deinen jetzigen Kenntnissen sollte es leicht sein, die Binärzahl 10110 in eine »gebräuchliche« Dezimalzahl umzuwandeln.

Mathe-Reminder

Wenn im Dezimalsystem Zehnerpotenzen eine wichtige Rolle spielen, dann sind es im Binärsystem (auch wieder aus dem Lateinischen, binarius für »zweifach«)[3] die Zweierpotenzen. $2^0, 2^1, 2^2, 2^3$ ... sind Beispiele für Zweierpotenzen.

Hier die Umwandlung unserer Binärzahl in eine Dezimalzahl:

$$10110: \quad 1 \cdot 2^4 + 0 \cdot 2^3 + 1 \cdot 2^2 + 1 \cdot 2^1 + 0 \cdot 2^0 = 16 + 0 + 4 + 2 + 0 = 22$$

Et voilà, du hast in Sekunden eine Binärzahl in eine Dezimalzahl umgewandelt! Das Ganze funktioniert natürlich auch umgekehrt, also bei der Frage, wie man ermittelt, welche Binärzahl beispielsweise der Zahl 19 entsprechen würde. Hier führt das aber zu weit. So oder so: Wenn du dich je gefragt hast, wie elektronische Systeme nur mit Binärcodes, also Nullen und Einsen, Informationen aller Art digital abbilden und verarbeiten können: »Umwandlungen« der beschriebenen Art sind das ganze Geheimnis.

Aber Achtung: 100 (Kilogramm) auf deiner Waage ist keine Binärzahl, sondern bittere Dezimal-Realität!

Falls es eine Binärzahl wäre, wären das nur:

$$(1 \cdot 2^2 + 0 \cdot 2^1 + 0 \cdot 2^0)\ \text{kg} = (4 + 0 + 0)\ \text{kg} = 4\ \text{kg}$$

1.2 WARUM DIE QUERSUMME GROSSMUTTERS LETZTEN WILLEN ERFÜLLT: QUERSUMME

Stell dir vor, dass Großmutters letzter Wille ist, 39.321 Euro fair auf ihre drei Enkel aufzuteilen. Wenn du und ich dieselbe Vorstellung von »fair« haben, bedeutet das, dass jeder Enkel exakt dasselbe erben soll – also auf den Cent genau. Du solltest außerdem wissen, dass Großmutter immer sehr genau bei ihren Finanzen war. Klar, als ehemalige Filialleiterin einer Bank! Möchten wir also verhindern, dass sich Großmutter im Grab umdreht, sollten wir beten, dass ihr Nachlass durch 3 teilbar ist. Um das festzustellen, könntest du entweder die schriftliche Division aus deiner Grundschulzeit auspacken oder du weißt, dass eine Zahl durch 3 teilbar ist, wenn die Quersumme dieser Zahl durch 3 teilbar ist. Und damit hätten wir auch schon eine Anwendung der Quersumme, nämlich Teilbarkeiten.

Als Quersumme (oder auch Ziffernsumme) bezeichnet man die Summe der einzelnen Ziffernwerte einer natürlichen Zahl (siehe Mathe-Reminder). Die Quersumme erhältst du also, indem du die einzelnen Ziffern der Zahl addierst.

Mathe-Reminder

Als natürliche Zahl bezeichnet man alle positiven ganzen Zahlen: 1, 2, 3, 4, 5, 6 usw. Natürliche Zahlen sind letztlich die Zahlen, die du auch beim Zählen verwendest.

Beispiele:

Die Quersumme von 8 ist 8
Die Quersumme von 27: $2 + 7 = 9$
Die Quersumme von 7452: $7 + 4 + 5 + 2 = 18$
Die Quersumme von 13.292: $1 + 3 + 2 + 9 + 2 = 17$

So viel zur Theorie. Kommen wir noch einmal auf Großmutters Erbe in Höhe von 39.321 € zurück. Eventuell hast du bereits erkannt, dass $3 + 9 + 3 + 2 + 1 = 18$ ergibt und 18 durch 3 (restlos) teilbar ist. Damit lässt sich das Erbe auf den Cent genau aufteilen.

Manchmal höre und lese ich, dass »doch jede Zahl durch 3 teilbar ist«. Vielleicht möchtest du zu dieser Behauptung zunächst den nächsten Abschnitt lesen, bevor sich Großmutter doch noch im Grab umdreht.

1.3 WARUM 15 BRATWÜRSTE BESSER SIND ALS 13: TEILBARKEIT

Du bist im Begriff, am Wochenende zu grillen. In deiner linken Hand hältst du eine Packung mit 15 Nürnberger Bratwürsten, in deiner rechten eine Packung mit 13 Bratwürsten. Da ihr insgesamt zu dritt seid, fällt dir die Entscheidung leicht. Du kaufst die Packung mit den 15 Bratwürsten. Ganz einfach, weil 15 Bratwürste durch 3 teilbar sind und somit jeder 5 Bratwürste bekommt. Mit 13 Bratwürsten wäre das schon deutlich schwerer. Dass sich 5 Bratwürste aber schlecht auf mehrere Brötchen aufteilen lassen (niemand isst nur ein Nürnberger Rostbratwürstchen pro Brötchen), wird dir erst später bewusst. Das ist jetzt zugegebenermaßen ein einfacher Fall gewesen und sollte nur als Anregung für ein Alltagsbeispiel dienen. Es gibt durchaus noch weitere Anwendungen. Eine davon hast du bereits im vorherigen Abschnitt (Quersumme) kennengelernt. Teilbarkeiten spielen beispielsweise auch in der Kryptografie (Verschlüsselung) eine Rolle, genauer gesagt bei den Primzahlen, aber dazu kommen wir noch. Widmen wir uns zunächst einmal dem Begriff der Teilbarkeit.

Teilbarkeit ist eine mathematische Beziehung zwischen zwei ganzen Zahlen. Eine ganze Zahl ist durch eine andere ganze Zahl teilbar, wenn bei der Division kein Rest verbleibt. Falls du dich an dieser Stelle noch nicht schlauer fühlst, hier noch einmal vereinfacht ausgedrückt: wenn die Geteilt-Rechnung aufgeht, ohne Rest, wie etwa bei 60 Bier geteilt durch 12 Partygäste = 5 Flaschen pro Gast.

Ich habe dir die Teilbarkeitsregeln auf der nächsten Seite kurz und knapp zusammengefasst.

Später im Aufgabenteil darfst du dich hierzu noch austoben. Ich würde allerdings gerne vorher noch einmal auf die Teilbarkeit mit 7 eingehen. Man hört des Öfteren, dass es keine Regel für die Teilbarkeit mit 7 gibt. Einigen wir uns an dieser Stelle vielleicht darauf, dass es keine wirklich gute, sprich »griffige« Teilbarkeitsregel für 7 gibt, und schauen uns dafür noch ein **Beispiel** an:

Schnappen wir uns die Zahl 7245 und prüfen, ob diese durch 7 teilbar ist:

(dafür die letzte Ziffer der Zahl verdoppeln und von der restlichen Zahl abziehen)

Teilbarkeit	Regel für die Zahl	Beispiel
durch 2	wenn sie gerade ist, also ihre letzte Ziffer eine 0, 2, 4, 6, 8 ist	328 ist eine gerade Zahl und damit durch 2 teilbar.
durch 3	wenn ihre Quersumme durch 3 teilbar ist	Die Quersumme von 123 ist 6 und 6 ist durch 3 teilbar. Damit ist 123 durch 3 teilbar.
durch 4	wenn ihre letzten zwei Stellen durch 4 teilbar sind	Die letzten zwei Ziffern von 1028 (28) sind durch 4 teilbar. Damit ist auch 1028 durch 4 teilbar.
durch 5	wenn die letzte Ziffer eine 5 oder 0 ist	Die letzte Ziffer von 675 ist eine 5. Damit ist 675 durch 5 teilbar.
durch 6	wenn ihre letzte Ziffer gerade ist und ihre Quersumme durch 3 teilbar ist	Die letzte Ziffer von 348 ist gerade und die Quersumme von 348 ist 15. 15 ist durch 3 teilbar. Damit ist 348 durch 6 teilbar.
durch 7	wenn diejenige Zahl durch 7 teilbar ist, die entsteht, wenn man das Doppelte der letzten Ziffer von der restlichen Zahl subtrahiert (diesen Schritt kannst du mehrfach ausführen, bis eine möglichst kleine Zahl entsteht!)	Die letzte Ziffer von 2023 ist 3. $3 \cdot 2 = 6$ $202 - 6 = 196$ $6 \cdot 2 = 12$ $19 - 12 = 7$ 7 ist durch 7 teilbar.
durch 8	wenn die letzten drei Stellen durch 8 teilbar sind	Die letzten drei Stellen von 74.024 sind 024 und 24 ist durch 8 teilbar. Damit ist 74.024 durch 8 teilbar.
durch 9	wenn ihre Quersumme durch 9 teilbar ist	Die Quersumme von 1899 ist 27. 27 ist durch 9 teilbar. Damit ist 1899 auch durch 9 teilbar.
durch 10	wenn ihre letzte Ziffer eine 0 ist	Die letzte Ziffer von 430 ist eine 0. Damit ist 430 durch 10 teilbar.

5 · 2 = 10
724 - 10 = 714
(Den vorherigen Schritt wiederholen)
4 · 2 = 8
71 - 8 = 63
63 ist durch 7 teilbar (63 : 7 = 9)
Also ist 7245 auch durch 7 teilbar.

1.4 WARUM ZIKADEN NICHT UNTER RECHENSCHWÄCHE LEIDEN KÖNNEN: PRIMZAHLEN

Was haben Zikaden (die man auch Zirpen nennt), Fichten und Verschlüsselung gemeinsam? Alle machen sich die Primzahlen zunutze! Im letzten Abschnitt hast du die Teilbarkeitsregeln kennengelernt. Was ist aber, wenn eine Zahl gar keine Teiler außer 1 und die Zahl selbst hat? Dann sprechen wir von einer Primzahl – zumindest, wenn sie größer als 1 ist.

Mathe-Reminder

Eine Primzahl ist eine natürliche Zahl, die genau zwei Teiler hat.
1 ist keine Primzahl!

Häufiger liest und hört man, eine Primzahl sei nur durch sich selbst und 1 teilbar. Dann wäre aber 1 auch eine Primzahl. Sie ist ja schließlich nur durch 1 und sich selbst teilbar. Man kann also selbst in der Mathematik, die ja zu den sogenannten »exakten Wissenschaften« gehört, über die eine oder andere Sache streiten und tatsächlich haben viele Mathematiker lange darüber diskutiert. Letztlich hat man sich darauf geeinigt, dass 1 keine Primzahl ist, weil sie nicht genau zwei Teiler, also zwei verschiedene Teiler aufweist.

Hier ein paar **Primzahlen**:

2, 3, 5, 7, 11, 13, 17, 19, 23, 29, 31, 37, 41, 43, 47, 53, 59, 61, 67, 71, 73, 79, 83, 89, 97, 101, 103, 107, 109, 113, 127 …

Fun Fact: Es gibt unendlich viele Primzahlen.[4] Man weiß seit der Antike durch den Satz von Euklid, dass es unendlich viele Primzahlen gibt. Das ist insofern interessant, als die Primzahlen ja fortlaufend größer werden und damit theoretisch auch mehr potenzielle Teiler besitzen könnten.

Selbst in der Biologie spielen Primzahlen eine Rolle. Zikaden zum Beispiel[5] – die kleinen, nur wenige Millimeter großen Insekten – sind anscheinend wahre Primzahlexperten, obwohl sie nie die Schulbank gedrückt haben. Sie vermehren sich nämlich genau alle 13 oder 17 Jahre massenhaft, danach leben die Larven wieder 12 bzw. 16 Jahre unter der Erde.

Anscheinend stehen Zikaden nicht so sehr auf das Motto »Fressen und gefressen werden«. Hätten sie eine Zyklenlänge von beispielsweise 12 Jahren, müssten sie natürliche Feinde fürchten, die alle 1, 2, 3, 4, 6 oder 12 Jahre in Erscheinung treten. Aber bei einer Zyklenlänge von 13 Jahren haben sie nur noch Fressfeinde, die entweder jedes Jahr oder ebenfalls alle 13 Jahre auftreten. Gar kein schlechter Evolutionsvorteil.

Auch Fichten sind äußerst smart. Sie bilden nämlich alle 11 Jahre massenhaft Zapfen und machen es damit Eichhörnchen und Vögeln ganz schön schwer, sich auf diesen Zyklus einzustellen.

In der Kryptografie, also bei der Verschlüsselung, macht man sich die Eigenschaften von Primzahlen ebenfalls zunutze, um Codes

(Schlüssel) zu entwerfen, die selbst Supercomputer nicht lösen können. Einer davon ist das Grundgerüst in der sogenannten asymmetrischen Verschlüsselung RSA.[6] Hierfür werden zwei gigantisch große Primzahlen (mehr als 300 Stellen) miteinander multipliziert.

Die dadurch entstandene, noch sehr viel größere Zahl (Schlüsselzahl) bietet nun den Vorteil, dass es quasi unmöglich ist, sie durch Rechenleistung wieder in ihre ursprünglichen beiden Primfaktoren zu zerlegen (Primfaktorzerlegung). Nur wer beide ursprünglichen Primzahlen kennt, kann die Schlüsselzahl herstellen.

1.5 WARUM IHR AUF EINER BIERBANK NICHT MEHR IN DERSELBEN REIHENFOLGE SITZEN WERDET: FAKULTÄT

Warst du schon mal auf dem Münchner Oktoberfest? Oder auf irgendeinem anderen Volksfest? Dann kennst du sicherlich die typischen Bierbänke, auf denen es mitunter schon mal recht eng zugehen kann. Und hier kommt die sogenannte Fakultät ins Spiel. Nehmen wir an, ihr geht zu fünft (du und vier Freunde) in ein Bierzelt und habt das unendliche Glück, dass eine Bierbank komplett frei ist. Nachdem du dir vor lauter Unglauben mehrfach die Augen gerieben hast und es darum geht, wer wo sitzt, fragst du dich, wie viele verschiedene Sitzmöglichkeiten es für fünf Personen auf dieser Bierbank gibt.

Nun bietet die Bank 5 freie Plätze. Die erste Person, die sich setzt, hat 5 Möglichkeiten, die zweite Person hat noch 4 Möglichkeiten, die dritte Person noch 3 usw.

Man erhält also: $5 \cdot 4 \cdot 3 \cdot 2 \cdot 1 = 120$ Möglichkeiten

Anstatt $5 \cdot 4 \cdot 3 \cdot 2 \cdot 1$ kannst du eben auch $5!$ schreiben. Das Ausrufezeichen steht hierbei für Fakultät. Die »Fakultät-Schreibweise«

ergibt vor allem bei großen Fakultäten Sinn. Niemand hätte wahrscheinlich Lust, 135! = 1 · 2 · 3 · … · 135 auszuschreiben.

Was sagt eigentlich Wikipedia, wenn man nach dem Begriff »Fakultät« sucht? Achtung, es wird kurz mathematisch: »Die Fakultät ist in der Mathematik eine Funktion, die einer natürlichen Zahl n das Produkt aller natürlichen Zahlen (ohne Null) kleiner gleich dieser Zahl zuordnet. Sie wird durch ein dem Argument nachgestelltes Ausrufezeichen (!) abgekürzt.«[7]

$$n! = 1 \cdot 2 \cdot 3 \cdot 4 \cdot 5 \cdot \ldots \cdot n$$

Weitere Beispiele:
4! = 1 · 2 · 3 · 4 = 24
10! = 1 · 2 · 3 · 4 · 5 · 6 · 7 · 8 · 9 · 10 = 3.628.800

Hier sieht man gut, dass Fakultätswerte sehr schnell größer werden.

0!	1
1!	1
2!	2
3!	6
4!	24
5!	120
6!	720
7!	5040
8!	40.320
9!	362.880
10!	3.628.800
11!	39.916.800
12!	479.001.600

Wenn du also ein Freund von Understatement bist, könntest du auf die Frage, was dein Auto gekostet hat, smart mit »Lediglich 8! Euro« antworten.

Selbst 7! Euro für eine Handtasche würden gleich viel zurückhaltender klingen als der tatsächliche Originalpreis, sollte der Ehemann mal wieder skeptisch nach dem Preis fragen.

Es gibt viele Verwendungsmöglichkeiten für die Fakultät, wir aber gehen lieber noch einmal zurück zum Oktoberfest. 120 Sitzmöglichkeiten sind deutlich mehr Möglichkeiten, als die meisten zunächst vermuten würden. Das haben zumindest meine Erhebungen ergeben, als ich diese Frage im Freundes- und Bekanntenkreis stellte.

Du müsstest daher seeehr oft das Oktoberfest (wohlgemerkt mit denselben vier Freunden) besuchen, um im Schnitt bei jedem 120sten Besuch zufällig wieder in derselben Reihenfolge zu sitzen.

Mit anderen Worten: Die Wahrscheinlichkeit hierfür ist relativ gering. An und für sich aber auch kein großes Problem, weil die Wahrscheinlichkeit für eine freie Bierbank noch sehr viel geringer ist. Prost!

1.6 WARUM DIE SATANSZAHL 666 SOGAR MIT DER PAPSTKRONE IN VERBINDUNG GEBRACHT WIRD: RÖMISCHE ZAHLEN

Es ist Juli. Du bist gerade auf einem Städtetrip in Rom. Die Sonne steht gefühlt senkrecht über dir und an deiner Stirn sammeln sich bereits erste Schweißtropfen. Du nimmst einen tiefen Schluck aus deiner 7-Euro-Mineralwasserflasche und blickst nach oben gen Sonne. Während du versuchst, dich im Schatten des Kolosseums etwas abzukühlen, fällt dein Blick auf die bröckelige Fassade über einem der Eingänge, an der du mit etwas Mühe die Inschrift »LII«[8] erkennst.

Später am Vormittag ertönt hinter dir ein Glockenspiel. Du drehst dich um und hältst deinen Stadtplan zum Abgleich gegen eine wunderschöne, alte Kirche. Du stehst vor der Santa Maria Maggiore. Die Turmuhr zeigt an, dass es gerade »XI Uhr« ist. Am Abend öffnen sich die Türen des Aufzugs deines Hotels. An der Wand siehst du in stilvoller Schrift die Zahl IV. Mist, du wolltest in Etage II aussteigen und hast gedankenverloren, den unglaublichen Eindrücken des heutigen Tages geschuldet, dein Stockwerk verpasst.

Römische Zahlen begegnen uns überall im Alltag – nicht nur in Rom. Auch wenn wir heute ein anderes Zahlensystem verwenden, haben sie doch eine vor allem geschichtliche Relevanz.

Um römische Zahlen darzustellen, werden die heute üblichen lateinischen Buchstaben I, V, X, L, C, D und M verwendet. Es gibt sogar noch ein paar mehr (für ein Vielfaches von 1000), auf die ich aus Platzgründen aber nicht weiter eingehen werde.

Hier ein kurzer Überblick der römischen Zahlzeichen und ihrer Bedeutung:

I	1
V	5
X	10
L	50
C	100
D	500
M	1000

Im Wesentlichen werden römische Zahlen von links nach rechts addiert, um eine für uns gebräuchliche Dezimalzahl zu erhalten:

MCXI steht für 1000 + 100 + 10 + 1 = 1111
DCCVI steht für 500 + 100 + 100 + 5 + 1 = 706

Etwas anspruchsvoller wird es, wenn man beispielsweise die Zahl 4 als römische Zahl angeben möchte. Die alten Römer hätten erstaunlich wenig Probleme damit, wenn du hierfür einfach »IIII« schreiben würdest. Wahrscheinlich hast du aber schon festgestellt, dass an einer Uhr die Zahl 4 durch »IV« dargestellt wird (und nicht durch »IIII«), um zu vermeiden, dass viermal hintereinander dasselbe Zahlzeichen folgt. Das liegt an der sogenannten Subtraktionsregel, die allerdings erst ab dem späteren Mittelalter konsequent Anwendung fand. Die Subtraktionsregel ist eine verkürzende Schreibweise. Die Regel besagt, dass die Zahlzeichen I, X und C vor einem ihrer jeweils nächsthöheren Zahlzeichen platziert werden können und in diesem Fall ihr Wert vom Wert des folgenden Zeichens abgezogen wird.[9]

Möchten wir 1985 (mein Geburtsjahr) als römische Zahl angeben, würden die alten Römer MDCCCCLXXXV schreiben.

$$M + D + CCCC + L + XXX + V$$
$$1 \cdot 1000 + 1 \cdot 500 + 4 \cdot 100 + 1 \cdot 50 + 3 \cdot 10 + 1 \cdot 5$$

Mit der Subtraktionsregel würdest du MCMLXXXV schreiben.

$$M - C + M + L + XXX + V$$
$$1 \cdot 1000 - 1 \cdot 100 + 1 \cdot 1000 + 1 \cdot 50 + 3 \cdot 10 + 1 \cdot 5$$

Für 184 würdest du also CLXXXIV als römische Zahl schreiben und nicht CLXXXIIII und so ein paar Zeichen sparen.

Kommen wir noch einmal auf Rom zurück, genauer gesagt zum Vatikan. Im Apostolischen Palast residiert bekanntlich der Papst.

Angeblich steht auf der päpstlichen Tiara[10] (Krone) geschrieben: VICARIUS FILII DEI (lat. für: Stellvertreter des Sohnes Gottes). Schnappen wir uns doch mal alle römischen Zahlenwerte in der lateinischen Bezeichnung von **VICARIVS FILII DEI** (Verschwörungstheoretiker denken sich das »U« in VICARIUS als V, also VICARIVS).

Wir erhalten dann: V I C I V I L I I D I. In Dezimalzahlen umgewandelt ergibt sich:

$$5 + 1 + 100 + 1 + 5 + 1 + 50 + 1 + 1 + 500 + 1 = 666$$

Wenn das mal der Papst wüsste ... Das Internet bietet übrigens eine wahre Fundgrube der wildesten Theorien, googelt man den Suchbegriff 666. Amen.

1.7 WIE DIR EIN AFFE IM HOTEL DIE UNENDLICHKEIT ERKLÄREN KANN: UNENDLICHKEIT

Zugegeben, im Alltag musst du dich eher selten mit der Unendlichkeit auseinandersetzen. Wenn wir den Begriff »unendlich« verwenden, ist dies im mathematischen Sinne sogar meistens falsch.

Sollte Gabi seufzend die Haustür aufsperren und ihren Mann mit den Worten »Oh Gott, vor mir standen wieder mal unendlich viele Leute an der Supermarktkasse« begrüßen, sind wir uns wahrscheinlich einig, dass Gabi im mathematischen Sinne noch immer in der Warteschlange stehen würde. Streng genommen liegen auch nicht unendlich viele Sandkörner in der Sahara.

Dennoch gibt es zwei oder drei Gedankengänge, die ich dazu gerne mit dir teilen möchte, um dir die Unendlichkeit etwas greifbarer zu machen.

Hast du schon einmal von Hilberts Hotel[11] gehört? David Hilbert war ein deutscher Mathematiker und zählt zu den bedeutsamsten Mathematikern der Neuzeit.

Stell dir vor, du bist Manager in einem Hotel mit unendlich vielen Zimmern, die alle mit unendlich vielen Gästen belegt sind. Jetzt reden wir von einem mathematischen »unendlich«. Ein neuer Gast betritt Hilberts Hotel und möchte nun auch ein Zimmer buchen. In einem Hotel mit »endlich« vielen Zimmern müsste man den Gast freundlich abweisen. In Hilberts Hotel ist die Zahl der Zimmer jedoch unendlich, sodass es eine Möglichkeit gibt, den Gast aufzunehmen.

Man geht dabei wie folgt vor: Jeder Gast wandert ein Zimmer weiter. Gast 1 wandert ein Zimmer weiter in Zimmer 2. Gast 2 wandert in Zimmer 3, Gast 3 in Zimmer 4 usw. Da die Zahl der Zimmer unendlich ist, gibt es keinen letzten Gast, der nicht in ein weiteres Zimmer ziehen könnte. Somit wurde für den neuen Gast ein Zimmer frei, nämlich das erste Zimmer – unendlich + 1 ist mathematisch also sehr wohl möglich: unendlich + 1 = unendlich. Das ist Mathematik!

Und wenn zu den unendlich vielen Gästen jetzt nicht nur ein einziger Gast dazukommt, sondern noch mal unendlich viele Gäste? Also eine Verdoppelung, unendlich + unendlich? Ganz einfach: Man verdoppelt von allen Gästen die Zimmernummer. Der Gast in Zimmer 2 wandert in das Zimmer mit der Nummer 4. Der Gast in Zimmer 3 in Zimmer 6 usw. Somit wäre nach etwas Umzugsstress plötzlich jedes Zimmer mit ungerader Nummer frei – man könnte plötzlich unendlich viele weitere Gäste aufnehmen und nicht nur einen. Hilberts Hotel wird übrigens passenderweise auch »Grand Hotel« genannt. Jedenfalls: unendlich + unendlich = erneut unendlich.

Übrigens, falls es dich interessiert, ergibt auch unendlich · unendlich wiederum unendlich.

Jetzt stellen wir uns noch vor, in diesem Hotel würde ein Affe sitzen, der auf einer Tastatur wild irgendwelche Tasten zufällig tippt. Dann würde hierbei ein nicht lesbarer Buchstabensalat entstehen. Wenn du den Affen aber ein paar Tage auf dieser Tastatur tippen lässt, wird irgendwann auch mal rein zufällig das ein oder andere Wort entstehen.

Lässt du ihn wochenlang auf einer Tastatur tippen, werden irgendwann ganze Sätze entstehen. Und lässt du ihn unendlich lang auf einer Tastatur tippen, wird irgendwann sogar ein ganzes Buch entstehen. Die Unendlichkeit ist so groß, dass auch jedes bereits existierende Buch irgendwann einmal von dem Affen durch rein zufälliges Tippen der Tasten geschrieben werden wird.

Dieses Gedankenexperiment heißt übrigens »Infinite-Monkey-Theorem«[12]. In englischsprachigen Ländern heißt es, dass so irgendwann mal die Werke Shakespeares entstehen, zum Beispiel *Hamlet*.

Es gibt sogar stochastische (vom Zufall abhängige) Betrachtungsweisen dazu, die ich dir nur ganz kurz vorstellen möchte.

Wir gehen davon aus, dass eine Schreibmaschine 50 Tasten hat, vereinfacht nur mit Kleinbuchstaben, und ein Affe, der rein zufällig auf den Tasten tippt, jede der Tasten also mit einer Wahrscheinlichkeit von 1/50 drückt (siehe Abschnitt 2.7). Die Wahrscheinlichkeit, dass der erste getippte Buchstabe ein »h« ist, beträgt damit auch 1/50, ebenso die Wahrscheinlichkeit, dass der Folgebuchstabe ein »a« ist. Damit ist die Wahrscheinlichkeit für die Buchstabenfolge »ha« gleich $\frac{1}{50} \cdot \frac{1}{50} = \left(\frac{1}{50}\right)^2 = \frac{1}{2500}$. Die Wahrscheinlichkeit, dass gleich zu Beginn das Wort »hamlet« getippt wird, beträgt also $\frac{1}{50} \cdot \frac{1}{50} \cdot \frac{1}{50} \cdot \frac{1}{50} \cdot \frac{1}{50} \cdot \frac{1}{50} = \left(\frac{1}{50}\right)^6 = 0{,}000000000064$.

Man könnte die Mathematik an dieser Stelle noch deutlich intensiver betreiben und herausfinden, wie lange es zunächst überhaupt dauern würde, bis der Affe »hamlet« tippt. Aus Platzgründen werde ich hier aber nicht weiter darauf eingehen. Das Ergebnis hierfür wäre allerdings, dass es bei durchschnittlich einem Tastenanschlag pro Sekunde etwa 1140 Jahre dauert, bis mit einer Wahrscheinlichkeit von 90 Prozent mindestens einmal das Wort »hamlet« getippt worden ist. Das gilt aber nur für unseren theoretischen Affen, der ewig lebt, nie isst, nie schläft und nur tippt.

2003 hat man das Experiment etwas tierschutzfreundlicher als in der Theorie im Zoo von Paignton (England) umgesetzt und den Affen eine Tastatur in ihr Gehege gestellt[13]. Tatsächlich tippten die Affen sogar wild auf den Tasten herum. Natürlich entstand dabei lediglich ein Buchstabensalat. Als einer der Affen einen großen Stein auf die Tastatur warf und ein anderer Affe auf die Tastatur »verdaute« endete das Gedankenexkrem..., Entschuldigung, -experiment. Einen Shitstorm unter Tierschützern hat das Ganze am Ende jedoch (meines Wissens) nicht erzeugt.

1.8 AUFGABEN ZUM ÜBEN UND INTENSIVIEREN

Aufgabe 1:

a) Schreibe die Zahl 2356 als Summe von Zehnerpotenzen.

b) Wandle die Binärzahl 10011 in eine Dezimalzahl um.

Aufgabe 2:

Ich wette, ich habe hellseherische Fähigkeiten. Glaubst du nicht? Testen wir es doch!

Überlege dir eine Zahl zwischen 1 und 10. Multipliziere die Zahl nun mit 9. Jetzt addierst du als Nächstes 800 dazu. Bist du so weit? Okay, sehr gut. Jetzt bildest du die Quersumme von deinem Ergebnis und ziehst im nächsten Schritt davon 11 ab. Gleich sind wir fertig ... Als Nächstes ordnest du deinem Ergebnis einen Buchstaben zu. A = 1, B = 2, C = 3 usw.

Überlege dir bitte jetzt ein Land, das an Deutschland angrenzt und mit diesem Buchstaben beginnt. Hast du eins? Wunderbar! Als Letztes brauchst du noch eine Frucht, die ebenfalls mit diesem Buchstaben beginnt. Überlege ruhig ein weniger länger. Du findest sicher eine! Ob ich dein Land und deine Frucht richtig erraten habe, siehst du im Lösungsteil am Ende des Buches.

Aufgabe 3:

Nina und Ben spielen Tischtennis. Nach jeweils drei Aufschlägen ist Wechsel und der andere Spieler hat nun drei Aufschläge. Nina beginnt mit drei Aufschlägen. Beim Spielstand von 7 zu 5 sind sich beide unsicher, ob Ben noch einen Aufschlag hat oder schon wieder Nina an der Reihe ist. Kannst du ihnen helfen?

Aufgabe 4:

a) Ist der Wert der römischen Zahl MDCCVIII durch 7 teilbar?

b) Ist das Ergebnis von 4! - 1 eine Primzahl?

Aufgabe 5:

Beim Großen Preis von Italien in Monza gehen 20 Formel-1-Fahrer an den Start, von denen 4 Fahrer aufgrund technischer Probleme das Rennen abbrechen müssen. Die anderen 16 Fahrer erreichen das Ziel. Wie viele Möglichkeiten gibt es für die 16 Formel-1-Fahrer, sich zu platzieren? Also wie viele verschiedene Platzierungen im Rennergebnis sind möglich?

2
BOWLE WEG! JETZT WIRD GERECHNET

In diesem Kapitel schaffen wir das Fundament für viele mathematische Fragestellungen aus dem Alltag. Zahlen begegnen uns dabei in unterschiedlichen Gewändern, zum Beispiel als Bruch, Kommazahl oder Prozentangabe. Nicht nur bei Einheiten oder Wahrscheinlichkeiten ist es wichtig, diese Zahlen routiniert umrechnen zu können. Man munkelt sogar, dass mittels Bruchrechnung schon manche Bowle besser schmeckte. Aber Vorsicht! Durch den geschickten Einsatz von Prozentrechnung hätte ich fast Hausverbot in einer Bäckerei bekommen. Und falls meine Frau Carina diese Zeilen liest – bitte überspringe den Abschnitt mit der Mittelwertberechnung.

2.1 100 PROZENT STEIGUNG IST KEINE WAND: DEZIMALZAHLEN, BRÜCHE UND PROZENT

Was habe ich es als Kind geliebt: Alles, was Räder hatte, wurde dazu missbraucht, den sogenannten Kindergartenberg in meinem Geburtsort möglichst schnell und ohne Rücksicht auf Verluste hinunterzurasen. Bobbycars, Tretbulldogs, etwas später dann Skates und Skateboards ... nichts war vor mir und meinem Bruder sicher.

Vielleicht sollte ich an dieser Stelle noch erwähnen, dass der Kindergartenberg nicht irgendein Grashügel war, sondern tatsächlich Teil einer Straße, der Buchenstraße. Und dieser kurze Abschnitt der Buchenstraße eignete sich hervorragend für die Durchführung illegaler Straßenrennen, weil er einerseits nicht viel befahren wurde und andererseits steil, sehr steil war und sicher noch ist. Ich wundere mich bis heute, warum an dieser Stelle kein Straßenschild mit irgendeiner Prozentangabe für das Gefälle angebracht wurde. Trotz größter Anstrengungen von meinem Bruder und mir ist es uns nicht einmal gelungen, dass dort ein Schild »Vorsicht – spielende (völlig verrückte) Kinder« steht.

Ich hätte jedoch ein Straßenschild mit der Aufschrift »12 %« oder Ähnlichem ohnehin nicht richtig deuten können. Fahrschulunterricht hatte ich erst etwa 12 Jahre später. Den qualitativ mittelmäßigen Erklärversuchen meines damaligen Fahrlehrers, den Fahrschülern die Steigung bzw. das Gefälle auf einem Straßenschild zu erklären, konnte ich nur schwer folgen und (ich glaube) meine Sitznachbarn noch weniger.

Selbst heute, etwa 30 Jahre später, habe ich die Erfahrung gemacht, dass viele Erwachsene trotz bestandener Theorieprüfung Probleme mit der korrekten Deutung dieser Straßenschilder haben. Auf meinem Instagram-Kanal führe ich wöchentlich ein Mathe-Quiz durch. Dort haben über 50 Prozent der Teilnehmer vermutet, dass »100 Prozent Steigung« eine Wand bedeuten würde – also rechtwinklig bzw. 90°. Grund genug, diesen Abschnitt in mein Buch aufzunehmen. Ich möchte sogar noch einen Schritt weiter gehen.

Bevor wir auflösen, was »100 Prozent Steigung« eigentlich bedeutet, würde ich gerne kurz erläutern, welche »Darstellungsformen« von Zahlen im Alltag auf uns lauern. Letztlich kannst du eine Zahl als Dezimalzahl, als Bruch, als Prozentzahl oder sogar mittels Zehnerpotenzen (siehe Abschnitt 1.1) darstellen.

Beispiel 1:

$$0{,}63 = \frac{63}{100} = 63\,\% = 6 \cdot 10^{-1} + 3 \cdot 10^{-2}$$

Beispiel 2:

$$1{,}19 = \frac{119}{100} = 119\,\% = 1 \cdot 10^{0} + 1 \cdot 10^{-1} + 9 \cdot 10^{-2}$$

Da innerhalb einer Rechnung unterschiedliche Darstellungsformen von Zahlen auftreten können, lohnt es sich, die Umwandlung zu beherrschen. Auf der nächsten Seite habe ich einmal versucht, dir das Ganze in einer Tabelle möglichst kompakt darzustellen.

Kommen wir zurück auf das Straßenschild mit den 12 Prozent und warum 100 Prozent Steigung keine Wand ist. »12 Prozent Steigung« bedeutet letztlich, dass ein Berg auf 100 Meter Länge um 12 Meter ansteigt – siehe nachfolgende Skizze.

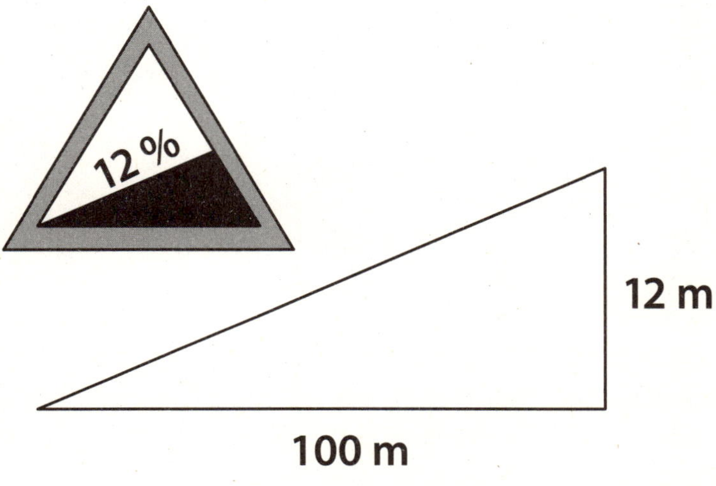

Dezimal in Bruch	**Dezimal in Prozent**	**Bruch in Prozent**
Vorgehen: In den Zähler schreibt man die Zahl nach dem Komma. In den Nenner schreibt man die Stellenwertzahl (10, 100, 1000 ...), die durch die Anzahl der Nachkommastellen der Dezimalzahl bestimmt wird. $0{,}63 = \frac{63}{100}$ (2 Nachkommastellen, also Hundertstel im Nenner)	Vorgehen: Die Zahl mit 100 multiplizieren bzw. das Komma um zwei Stellen nach rechts schieben. $0{,}63 = 0{,}63 \cdot 100\,\%$ $= 63\,\%$	Vorgehen: Zunächst den Bruch in einen Dezimalbruch umwandeln (falls möglich). Anschließend, wie in der 1. Spalte erklärt, den Dezimalbruch als Dezimalzahl angeben und dann (wie in Spalte 2 erklärt) durch Kommaverschiebung die Zahl als Prozent angeben. $\frac{3}{50} = \frac{3 \cdot 2}{50 \cdot 2} = \frac{6}{100} =$ $0{,}06 = 6\,\%$
Weitere Beispiele:	Weitere Beispiele:	Weitere Beispiele:
$0{,}3 = \frac{3}{10}$	$0{,}04 = 4\,\%$	$\frac{13}{100} = 0{,}13 = 13\,\%$
$0{,}04 = \frac{4}{100}$	$0{,}51 = 51\,\%$	$\frac{43}{1000} = 0{,}043 = 4{,}3\,\%$
$0{,}051 = \frac{51}{1000}$	$0{,}038 = 3{,}8\,\%$	$\frac{2}{5} = \frac{2 \cdot 2}{5 \cdot 2} = \frac{4}{10} = 0{,}40 =$ $40\,\%$
$0{,}0013 = \frac{13}{10.000}$	$0{,}3 = 0{,}30 = 30\,\%$	$\frac{3}{4} = \frac{3 \cdot 25}{4 \cdot 25} = \frac{75}{100} = 0{,}75 =$ $75\,\%$
		$\frac{17}{25} = \frac{17 \cdot 4}{25 \cdot 4} = \frac{68}{100} = 0{,}68 =$ $68\,\%$

Steigung oder Gefälle? Ein Anstieg der schwarzen Fläche im Verkehrsschild nach rechts (wie im Bild auf S. 39) bedeutet, dass man eine Steigung vor sich hat, ein Anstieg nach links bedeutet, dass man ein Gefälle vor sich hat. Es geht also bergab. Alles eine Frage der Perspektive. Von oben nach unten: Gefälle. Von unten nach oben: Steigung. Am Prozentwert ändert das nichts.

Es ergibt sich somit eine Steigung bzw. ein Gefälle von $\frac{12}{100}$ = 0,12 = 12 %. Jetzt verstehst du wahrscheinlich auch, warum ich dir die vorige Tabelle gezeigt habe.

Und eventuell wird jetzt auch klar, was 100 Prozent Steigung bedeutet. Ein Berg steigt auf einer Länge von 100 Metern um eben diese 100 Meter an – siehe nachfolgende Skizze.

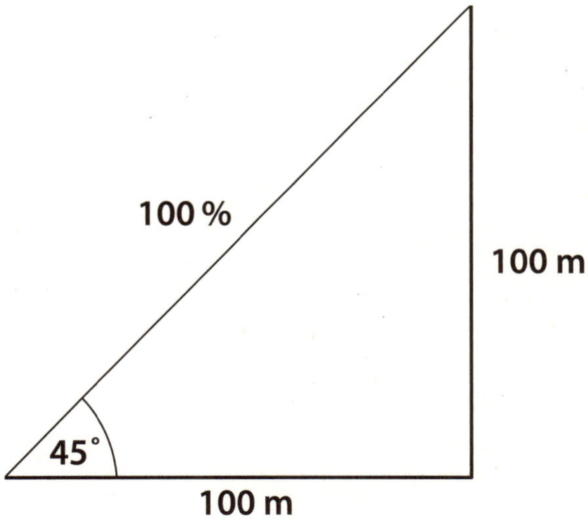

Damit ergibt sich eine Steigung von $\frac{100}{100}$ = 1 = 100 % und das würde 45° bedeuten und nicht 90° – also keine Wand, wie häufig irrtümlich angenommen wird. Die Umrechnung in Grad würde uns übrigens zur sogenannten Trigonometrie bringen, was ich uns an dieser Stelle jedoch gerne ersparen würde.

Die einzige »Wand«, mit der du bei 100 Prozent Steigung in Zukunft rechnen solltest, sind Gartenzäune, Laternen und Mauern, die plötzlich im Weg stehen. Das haben zumindest meine unzähligen Crashtest-Dummy-Versuche als Kind ergeben.

2.2 WIE MIR DER MITTELWERT BEI DEN HOCHZEITSVORBEREITUNGEN GEHOLFEN HAT: RECHNEN MIT DEZIMALZAHLEN

In einem Film würde jetzt die Einblendung »Frei nach wahren Begebenheiten« kommen, weil unter anderem Namen und Preise geändert wurden. Tatsächlich bestand ein Teil unserer Hochzeitsvorbereitungen aber auch darin, das Finanzielle abzuschätzen. Kurz gesagt, ich wollte in etwa wissen, wie viel meine Frau und ich am Ende drauflegen müssen. Und wenn wir von Geldbeträgen sprechen, sind wir auch schon mitten im Thema angekommen: in der Welt der Dezimalzahlen. Selbst auf einer Hochzeit begegnen sie uns überall. 110,40 Euro pro Gast für Essen und Getränke, 0,75 Liter Inhalt in einer Weinflasche, 5,2 % Volumenalkohol in einem Bier, und Kinder unter 12 Jahren gehen als 0,5 Personen in die Kalkulation ein. Wenn wir jetzt gleich die Durchschnittskosten pro Gast ermitteln, wird auch dieser Mittelwert am Ende eine Dezimalzahl ergeben.

In diesem Abschnitt möchte ich dir allerdings nicht beibringen, wie du mit Dezimalzahlen im Sinne von Kommazahlen rechnest. Solltest du im Alltag beispielsweise 4,35 + 6,96 - 2,38 ausrechnen müssen, rate ich dir einfach, die Taschenrechner-App deines Smartphones zu nutzen. Das würde ich zumindest machen. In diesem Abschnitt möchte ich dir vielmehr zeigen, dass Dezimalzahlen im Alltag wirklich Anwendung finden, und dabei gleichzeitig die Mittelwertberechnung wiederholen. Im Übrigen hoffe ich, dass meine Frau diesen Abschnitt niemals lesen wird. Er würde möglicherweise sämtliche Hoffnungen im Keim ersticken, in mir doch noch eine romantische Ader zu entdecken.

Zurück zu unseren Hochzeitsvorbereitungen. Ein paar Monate zuvor hatten sehr gute Freunde von uns geheiratet. Martina und Manni. Ich dachte mir Folgendes: Da es im Freundes- und Bekanntenkreis von M&M eine durchaus große Überschneidung mit unserem Bekanntenkreis gab – auch hinsichtlich Alter, Einkommen etc. –, könnte ich aufgrund dieser Informationen doch ein paar Aussagen für meine eigene Hochzeit treffen. Man könnte auch sagen, die Zielgruppe unterliegt einem ähnlichen Datenbestand. Wunderbar!

Ein paar Tage später schrieb ich Manni eine WhatsApp-Nachricht, ob er mir sagen könnte, wie viel Hochzeits-Obolus, sprich Geld, jeder Gast entrichtet hatte. Konnte er nicht. Nur die Gesamtsumme hatte er in etwa parat. Ich bat ihn, die Gesamtsumme doch bitte noch einmal zu verifizieren und mir die genaue Anzahl der Gäste ihrer Hochzeitsgesellschaft mitzuteilen.

Vielleicht ahnst du schon, was mein unromantischer Plan war. Ich wollte den Mittelwert (also den Durchschnitt) an Geldgeschenken pro Gast ausrechnen.

Mathe-Reminder

Den Mittelwert $\bar{x}$ (Alltagssprache: Durchschnitt) kannst du mit folgender Formel ausrechnen:

$$\bar{x} = \frac{a_1 + a_2 + \ldots a_n}{n}$$

Wobei a_1 bis a_n die Einzelwerte sind und n die Gesamtzahl der Einzelwerte ist.

Für die Höhe der durchschnittlichen Geldgeschenke könntest du also die Formel wie folgt anpassen:

$$\bar{x} = \frac{\text{Geschenk}_1 + \text{Geschenk}_2 + \ldots + \text{Geschenk}_n}{\text{Anzahl der Gäste}}$$

(Der Einfachheit halber gehen wir ausschließlich von Geldgeschenken aus.)

Nachdem Manni eine kleine Auffrischung zur Mittelwertbestimmung erhalten hatte, teilte er mir kurze Zeit später mit, dass alle Geldgeschenke in Summe 12.789 Euro ausmachten und 84 Gäste anwesend waren. Damit ergibt sich also ein Durchschnitt in Höhe von 12.789 Euro : 84 = 152,25 Euro pro Gast. Womit wir wieder bei Dezimalzahlen wären.

Um die Geschichte abzuschließen: Ich habe den Mittelwert in Höhe von 152,25 Euro mit der geplanten Anzahl unserer Gäste (62) multipliziert und bin am Ende von 152,25 € · 62 = 9439,50 € geplanten Einnahmen ausgegangen.

Fun Fact: Meine Kalkulation, wie viel wir am Ende noch draufzahlen müssen, war leider ziemlich gut. Unsere »Einnahmen« betrugen 9380 Euro und die Ausgaben 20.680 Euro. Wir mussten also 20.680 € - 9380 € = 11.300 € draufzahlen. Berechnet man noch die Quersumme von 11.300, erhält man übrigens 5, auch Zahl der Liebe genannt. Vielleicht habe ich ja doch eine romantische Ader.

2.3 AUF EINER PARTY KANN SCHON MAL ETWAS ZU BRUCH GEHEN – DAMIT SOLLTEST DU RECHNEN: BRUCHRECHNUNG

Deine Gartenparty ist in vollem Gange. Deine selbst kreierte Spotify-Playlist mit den beliebtesten Sommerhits kommt auch richtig gut an. Tolle Gäste, eine ausgelassene Stimmung und Traumwetter. Dass die gute Laune deiner Gäste eventuell auch an dem Extraschuss Sekt in deiner Rote-Beeren-Bowle[14] nach Großmutters Rezept liegt, behältst du vorerst für dich und belässt es bei einem Schmunzeln auf deinen Lippen. Ohnehin bist du gerade vertieft in das Gespräch mit deiner attraktiven Nachbarin, die du natürlich auch eingeladen hast. Während du dich angeregt mit ihr unterhältst und nach der Senftube greifst, stößt du aus Versehen dein Glas vom Tisch. Eine Sekunde später: klirr! »Nicht dramatisch, Scherben bringen ohnehin Glück«, witzelst du in die Runde und machst dich auf den Weg in die Küche, um die vorhin erst gekaufte Kehrichtschaufel zu holen – als hättest du schon beim Einkaufen damit gerechnet. Beim Öffnen der Schublade fällt dir das Rote-Beeren-Bowle-Rezept deiner Großmutter wieder in die Hände. Erneut macht sich ein leichtes Schmunzeln in deinem Gesicht bemerkbar.

ROTE-BEEREN-BOWLE (8 PORTIONEN):

- 300 g Himbeeren
- 250 g Erdbeeren
- $^2/_5$ l Kirsch-Nektar
- $^3/_4$ l Mineralwasser
- $^7/_{20}$ l Sekt

Drei Stunden zuvor: Du erinnerst dich noch zu gut, dass auf Familienfeiern immer alle von der Rote-Beeren-Bowle deiner Großmutter geschwärmt haben. Für dich ist also völlig klar, dass es für deine Gartenparty unbedingt diese Bowle sein muss. Du streichst mit deinen Fingern das in die Jahre gekommene Rezept glatt. Während du beginnst zu lesen, fällt dir augenblicklich wieder ein, dass deine Großmutter Mathe-Lehrerin war. So viele Brüche auf einem Zettel hast du zuletzt in der Unterstufe gesehen. Du beschließt daher, zunächst auf YouTube ein Tutorial zur Bruchrechnung zu wiederholen.

Im Video wird dir zunächst erklärt, dass ein Bruch im Wesentlichen einen Anteil vom Ganzen angibt und aus Zähler und Nenner besteht. Oben im Bruch steht der Zähler und unten der Nenner. Am Beispiel einer Pizza erklärt man dir, dass du 1/8 einer Pizza gegessen hast, wenn du ein Stück einer Pizza vertilgst, welche in acht gleich große Teile geschnitten wurde. Wenn du drei Stück isst, wären das also 3/8 der Pizza und bei vier Stück entsprechend 4/8 oder eine halbe (1/2) Pizza. Das ist dir spontan klar, obwohl dein letzter Mathematik-Unterricht ein paar Jahre zurückliegt. Auch, dass 4/8 = 1/2 ist, weil man 4/8 mit 4 kürzen kann, ist dir sofort klar. Dumpf erinnerst du dich sogar daran, dass du einen Bruch erweitern kannst, indem du Zähler und Nenner des Bruchs mit derselben Zahl multiplizierst, zum Beispiel:

$$\frac{2}{7} = \frac{2 \cdot 3}{7 \cdot 3} = \frac{6}{21}$$

Du bist fast ein bisschen stolz auf dich.

Im Video-Tutorial werden dir anschließend die einzelnen Regeln zum Rechnen mit Brüchen in einer Tabelle übersichtlich dargestellt.

Rechenart	Regel	Beispiel
Brüche addieren (+)	Hauptnenner bilden und die Zähler addieren	$\frac{1}{4} + \frac{2}{3} = \frac{1 \cdot 3}{4 \cdot 3} + \frac{2 \cdot 4}{3 \cdot 4} =$ $\frac{3}{12} + \frac{8}{12} = \frac{11}{12}$
Brüche subtrahieren (–)	Hauptnenner bilden und die Zähler subtrahieren (Zähler 1 – Zähler 2)	$\frac{5}{12} - \frac{1}{4} = \frac{5}{12} - \frac{1 \cdot 3}{4 \cdot 3} =$ $\frac{5}{12} - \frac{3}{12} = \frac{2}{12} = \frac{1}{6}$
Brüche multiplizieren (·)	Zähler mal Zähler und Nenner mal Nenner	$\frac{2}{7} \cdot \frac{3}{5} = \frac{2 \cdot 3}{7 \cdot 5} = \frac{6}{35}$
Brüche dividieren (:)	Ersten Bruch mit dem Kehrwert des zweiten Bruchs multiplizieren	$\frac{2}{7} : \frac{3}{5} = \frac{2}{7} \cdot \frac{5}{3} = \frac{2 \cdot 5}{7 \cdot 3} = \frac{10}{21}$

Abschließend wird dir noch ein »Mathe-Hack« verraten, wie du gemischte Brüche (zum Beispiel $3\frac{4}{5}$, 3 Ganze und 4 Fünftel) in »normale« Brüche, im Sinne von unechten Brüchen, umwandeln kannst.

Dabei sollst du einfach, um den Zähler zu bekommen, die Ganzen vor dem Bruch (3) mit dem Nenner des Bruchs (5) multiplizieren und anschließend den Zähler (4) hinzuaddieren. Der Nenner des unechten Bruchs bleibt dabei unverändert. Also:

$$3\frac{4}{5} = \frac{3 \cdot 5 + 4}{5} = \frac{19}{5}$$

Ziemlich cool und gar nicht so schwer, denkst du dir, während das Tutorial mit einem zweiten Beispiel endet, in dem man $2\frac{5}{7}$ »umwandeln« soll. Von Ehrgeiz gepackt, drückst du an dieser Stelle im Video auf »Pause« und rechnest selbst ...

Anschließend freust du dich, dass du wie im Tutorial auch für

$$2\frac{5}{7} = \frac{2 \cdot 7 + 5}{7} = \frac{19}{7}$$

herausbekommen hast. Mental gestärkt widmest du dich wieder dem Rezept deiner geliebten Großmutter.

Zunächst möchtest du wissen, ob dein Servierglas mit einem Volumen von 4 Litern überhaupt groß genug ist. Also rechnest du alle Mengenangaben der Flüssigkeiten aus dem Rezept zusammen:

$$\frac{2}{5}\,\mathrm{l} + \frac{3}{4}\,\mathrm{l} + \frac{7}{20}\,\mathrm{l} = \frac{2 \cdot 4}{5 \cdot 4}\,\mathrm{l} + \frac{3 \cdot 5}{4 \cdot 5}\,\mathrm{l} + \frac{7}{20}\,\mathrm{l} = \frac{8}{20}\,\mathrm{l} + \frac{15}{20}\,\mathrm{l} + \frac{7}{20}\,\mathrm{l}$$
$$= \frac{30}{20}\,\mathrm{l} = 1\frac{10}{20}\,\mathrm{l} = 1\frac{1}{2}\,\mathrm{l}$$

Okay, 1,5 Liter passen problemlos in dein Servierglas – selbst mit dem ganzen Gemüse. Da acht Portionen für deine Party zu wenig sind, beschließt du, die Angaben von Omas Rezept zu verdoppeln. Du benötigst jetzt also unter anderem 2 · 7/20 l = 14/20 l Sekt.

Später im Supermarkt bewahrheitet sich deine Vermutung, dass es keine Sektflaschen mit 14/20 Litern gibt. Also rechnest du: 14/20 l = 7/10 l = 0,7 l. Perfekt, auf dem Rücken der Sektflasche in deiner Hand steht »0,75 l«. »Was soll der Geiz?! – den Rest des Sekts kippen wir einfach noch in die Bowle. Großmutter würde bei dem Extraschuss Sekt sicherlich ein Auge zudrücken«, denkst du dir.

Am Ende interessiert es dich noch, wie viele Gläser mit je 0,2 Liter Fassungsvermögen du mit Beeren-Bowle füllen kannst, und du gehst von etwa 4 Liter Bowle aus – inklusive Beeren und Eiswürfel. Du möchtest also wissen, wie oft 0,2 Liter in 4 Liter hineinpassen.

$$0{,}2\,\text{l} = \frac{1}{5}\,\text{l}$$

$$4 : \frac{1}{5} = \frac{4}{1} : \frac{1}{5} = \frac{4}{1} \cdot \frac{5}{1} = \frac{20}{1} = 20$$

Läuft! 20 Gläser Bowle für deine Gäste klingt schon eher nach einer feucht-fröhlichen Gartenparty als 8 Portionen. Nachdem du die Bowle (fast) nach Rezept fertiggestellt hast, probierst du einen ersten Schluck deiner süßsauren Erfrischung. Köstlich! Die Gartenparty kann kommen – die Nachbarin hoffentlich auch.

2.4 WARUM ICH »HAUSVERBOT« IN EINER BÄCKEREI BEKOMMEN HABE: PROZENTRECHNUNG

»5 zum Preis von 4«, lachte mich von Weitem ein Schild vor einer Bäckerei in der Regensburger Innenstadt an. Abgebildet waren fünf prall mit roter Marmelade gefüllte Krapfen. Ebenfalls knallrot und mit großer Schrift wurden noch »25 % Rabatt« in das Gesamtbild des Werbeschildes integriert. Es war Faschingszeit. Lecker, dachte ich mir, und merkte, wie mir schon etwas Wasser im

Mund zusammenlief. Stell dir einfach ein Kind mit dem Gesicht an einem Schaufenster eines Spielzeugladen klebend vor – und du weißt, wie ich in diesem Moment auf andere gewirkt haben muss. Als häufiges Opfer von heimtückischen Propagandamaßnahmen bayerischer Bäckereien stellte ich mich auch dieses Mal brav in der langen Warteschlange an. Ich hatte entsprechend Zeit, mich mit den Inhalten des Werbeschilds zu beschäftigen. Und es ist fast schon ein Zwang von mir, alles nachrechnen zu müssen. So auch die Richtigkeit der Rabattangabe »25 % Rabatt« auf dem Werbeschild und die damit einhergehenden Krapfenpreise. Ich bin natürlich davon ausgegangen, dass alle Angaben richtig waren. Umso überraschter war ich, dass ich tatsächlich einen Fehler finden konnte.

Um leichter verstehen zu können, wo genau der Fehler lag, würde ich zunächst gerne näher auf die Prozentrechnung eingehen. Im Alltag ist die Prozentrechnung (in meinen Augen) nämlich deutlich einfacher, als du das womöglich aus der Schule in Erinnerung hast. Apropos Alltag: Generell spielt die Prozentrechnung eine große Rolle für die Alltagsmathematik. Der Akku-Ladestand eines Smartphones, Rabattaktionen in Möbelhäusern, Elfmeterquoten im Fußball, Hausfinanzierungen, Kapitalanlagen und Renditen ... überall kommt die Prozentrechnung vor. Im Wesentlichen beschäftigen wir uns bei der buchstäblich alltäglichen Prozentrechnung mit lediglich drei Fragestellungen, auf die ich gleich eingehen werde. Um dir den Einstieg etwas leichter zu machen, klären wir vorab noch kurz den Begriff »Prozent«. »Prozent« kommt aus dem Lateinischen (pro centum) und bedeutet wortwörtlich übersetzt »pro Hundert« oder etwas freier übersetzt: Hundertstel. Letztlich gibt man mit Prozenten einen Anteil von etwas Ganzem an. Und damit sind wir auch schon bei den drei alltäglichsten Fragestellungen:

1) Wie viel ist x Prozent von etwas? Also zum Beispiel 30 Prozent von 96 Kilogramm.
2) Etwas wird um x Prozent größer oder kleiner bzw. mehr oder weniger – wie »groß« ist es nun? Also zum Beispiel dein Gehalt, das im letzten Jahr um 8 Prozent erhöht wurde, oder ein Artikel, dessen Preis um 20 Prozent reduziert wurde.
3) Wie hoch ist der prozentuale Anteil? Also zum Beispiel, wie viel Prozent 300 Meter von 1500 Metern sind.

Die gute Nachricht: Du kannst alle drei Fragestellungen mit derselben Formel beantworten:

Mathe-Reminder

Formel für die Prozentrechnung: $W = G \cdot p$
(Prozentwert = Grundwert · Prozentsatz)
Der Grundwert ist dabei derjenige Wert, der 100 Prozent entspricht.

Die Formel musst du dir in meinen Augen nicht unbedingt merken. In den meisten Fällen genügt es, wenn du die Prozentangabe in eine Dezimalzahl umwandelst (siehe Abschnitt 2.1) und mit dem Grundwert multiplizierst.

Schauen wir uns dazu noch einmal die drei Fragestellungen von gerade eben an und rechnen **ein paar Beispiele**:

1) Wie viel ist x Prozent von etwas?
   a) 30 % (= 0,3) von 96 kg
      $W = G \cdot p$
      $W = 96\ \text{kg} \cdot 0{,}3 = 28{,}8\ \text{kg}$

b) 48 % (= 0,48) von 420 km
$W = G \cdot p$
$W = 420\ km \cdot 0{,}48 = 201{,}6\ km$

2) Etwas wird um x Prozent mehr oder weniger.

a) Dein Gehalt in Höhe von 45.000 Euro wird um 8 Prozent erhöht. Wenn wir von vermehrten oder verminderten Grundwerten sprechen, dürfen wir den Grundwert nicht einfach mit dem gegebenen Prozentsatz (8 % = 0,08) multiplizieren, wie bei 1). Wir müssen den Faktor anpassen, was aber relativ einfach ist. Wird dein Gehalt um 8 Prozent erhöht, addierst du 8 Prozent zur 1 hinzu: 1 + 0,08 = 1,08. Und jetzt rechnest du wieder:
$W = G \cdot p$
$W = 45.000\ € \cdot 1{,}08 = 48.600\ €$
Wird dein Gehalt hingegen um 8 Prozent gekürzt, subtrahierst du 8 Prozent von 1:
1 - 0,08 = 0,92 und rechnest wieder:
$W = G \cdot p$
$W = 45.000\ € \cdot 0{,}92 = 41.400\ €$

b) Du hast 10.000 Euro in einem global diversifizierten ETF investiert und planst mit 7 Prozent Rendite pro Jahr. Der Wachstumsfaktor beträgt also 1,07. Dein planmäßiges Kapital nach einem Jahr könntest du also wie folgt berechnen:
$W = G \cdot p$
$W = 10.000\ € \cdot 1{,}07 = 10.700\ €$
Hat sich in der Realität der Kurs wider Erwarten um 13 Prozent nach unten entwickelt, würdest du noch mit
$W = G \cdot p$
$W = 10.000\ € \cdot (1 - 0{,}13) = 10.000\ € \cdot 0{,}87 = 8700\ €$
in diesem ETF investiert sein.

3) Wie hoch ist der prozentuale Anteil?

a) Du möchtest wissen, wie viel Prozent am Gesamtstromverbrauch deine Luftwärmepumpe verbraucht hat. Nehmen wir an, du hattest 5210 kWh Gesamtverbrauch, wobei deine Luftwärmepumpe 3647 kWh verbraucht hat. Auch hier funktioniert die Formel W = G · p. Allerdings sollten wir sie dazu umstellen:

$$W = G \cdot p \quad |: G$$

$$p = \frac{W}{G}$$

$$p = \frac{3647 \text{ kWh}}{5210 \text{ kWh}} = 0{,}7 = 70\,\%$$

Der prozentuale Anteil beträgt also 70 Prozent.
Kleiner Tipp: Du kannst dir als Eselsbrücke auch »klein geteilt durch groß« (3647 kWh / 5210 kWh) merken, um den prozentualen Anteil zu erhalten.

b) Dein Pool hat eine Wassertiefe von 1,40 Metern. Die Badesaison steht vor der Tür, und du bist im Begriff, deinen Pool zu befüllen. Bei einem Wasserpegel von 49 Zentimetern im Pool fragst du dich, wie viel Prozent bereits befüllt worden sind.
Nutze auch hier »klein / groß«:

$$\frac{49 \text{ cm}}{1{,}4 \text{ m}} = \frac{49 \text{ cm}}{140 \text{ cm}} = 0{,}35 = 35\,\%$$

Kommen wir noch einmal zurück zu den angeblichen 25 Prozent Rabatt auf die Faschingskrapfen. Nehmen wir der Einfachheit halber an, dass ein Krapfen 1,50 Euro kostet. Vier Krapfen würden dann 6 Euro kosten und fünf Krapfen 7,50 Euro. Aufgrund der Rabattaktion zahlt man aber nur 6 Euro. Am Ende geht es hier um einen verminderten Grundwert, also darum, wie viel Prozent Rabatt man beim Kauf von fünf Krapfen bekommt, damit der Preis von

7,50 Euro auf 6 Euro sinkt. Um das zu berechnen bzw. um festzustellen, was an der Prozentangabe (25 Prozent Rabatt) falsch ist, nehmen wir wieder unsere Formel von vorhin und setzen ein.

$W = G \cdot p$
Wobei W = 6 €, G = 7,50 € und p gesucht ist.
$6\,€ = 7{,}50\,€ \cdot p \mid : 7{,}50\,€$
$0{,}8 = p$

Der Wachstumsfaktor beträgt also 80 Prozent. Das bedeutet, dass es sich um eine Minderung (Rabatt) von 20 Prozent gehandelt hat, und nicht 25 Prozent. Übrigens wäre die Aufschrift »+ 25 %« anstatt »25 % Rabatt« wiederum richtig gewesen. Das wäre eine sogenannte Draufgabe. 25 Prozent von vier Krapfen wäre ein zusätzlicher Krapfen, den man gratis obendrauf bekommt.

Kurze Zeit später war ich an der Reihe und informierte (spaßeshalber) die Verkäuferin, die sich als Chefin herausstellte, über die falsche Rabattangabe. Eigentlich war es mir etwas peinlich, weil es sich so typisch deutsch anfühlte. Die Chefin nahm es aber positiv auf. Als Dank bekam ich sogar noch einen sechsten Krapfen gratis in meine Tüte. Verabschiedet wurde ich mit einem Augenzwinkern und den Worten »Sie haben ab jetzt Hausverbot«. Helau.

2.5 1 MILLION EURO SOFORT GESCHENKT ODER 1 CENT 30 TAGE LANG VERDOPPELN? POTENZEN

Mein Schwiegervater erzählte mir vor Kurzem folgenden Witz:

»Warum gibt man Senioren im Altersheim eine Viagra vor dem Schlafengehen?

Damit sie nachts nicht aus dem Bett fallen.«

Das Kopfkino überlasse ich an dieser Stelle dir ...

Potenzen spielen aber nicht nur im Gesundheitswesen eine Rolle. Auch die Mathematik steht und fällt mittels Potenzen. Am Ende zeige ich dir, dass sogar Potenzen aus der Mathematik tatsächlich eine Anwendung im Gesundheitswesen finden. Bevor wir uns ein paar Anwendungen der Potenzrechnung näher ansehen, klären wir zunächst, was der Begriff »Potenz« in der Mathematik überhaupt bedeutet. Potenzen sind letztlich vereinfachte, kompakte Schreibweisen von besonders großen Zahlen bzw. besonders kleinen Zahlen. Du hast diese auch schon im Abschnitt 1.1 bei den Zahlensystemen kennengelernt. Eine Potenz (z. B. 10^3) besteht aus einer Basis (im Beispiel die 10) und einem Exponenten (im Beispiel die 3), auch Hochzahl genannt.

Mathe-Reminder

Eine Potenz ist eine verkürzte Schreibweise für die wiederholte Multiplikation eines Faktors.

$$\underbrace{x \cdot x \cdot \ldots \cdot x}_{\text{n Faktoren}} = x^n$$

Beispielsweise wäre $10 \cdot 10 \cdot 10 = 10^3$

Vereinfacht könnte man auch sagen, dass Potenzen eine Multiplikation der Basis mit sich selbst beschreiben.

Dass Potenzen im Alltag wirklich Anwendung finden, sieht man an zahlreichen **Beispielen**:

Das Volumen eines Würfels mit $V = a^3$.

Die Flächenangabe einer Wohnung mit 84 m^2.

Bei der Umwandlung von Einheiten (siehe Abschnitt 2.6), z. B. $30 \text{ km} = 30 \cdot 10^3 \text{ m}$, $3 \text{ m} = 3 \cdot 10^{-3} \text{ km}$.

Die Speichergrößen bei Festplatten, z. B. 1 Terabyte = 10^{12} Byte.

Man kann mittels Potenzen aber auch die folgende Frage beantworten: Lieber 1 Million Euro sofort geschenkt oder lieber 1 Cent 30 Tage lang verdoppeln? Intuitiv würden wir wahrscheinlich zu der 1 Million Euro tendieren. Was man hat, das hat man. Um aber herauszufinden, welches der beiden Geldgeschenke tatsächlich das größere ist, kommt man nicht um die Mathematik herum.

Schauen wir uns zunächst an, wie sich die Verdoppelung des einen Cents in den ersten Tagen entwickelt. Um das Ergebnis am Ende besser vergleichen zu können, rechnen wir den Cent in Euro um: 1 ct = 0,01 €.

Tag 0: 0,01 €
Tag 1: $0{,}01 \text{ €} \cdot 2 = 0{,}02 \text{ €}$
Tag 2: $0{,}01 \text{ €} \cdot 2 \cdot 2 = 0{,}04 \text{ €}$
Tag 3: $0{,}01 \text{ €} \cdot 2 \cdot 2 \cdot 2 = 0{,}08 \text{ €}$
Tag 4: $0{,}01 \text{ €} \cdot 2 \cdot 2 \cdot 2 \cdot 2 = 0{,}16 \text{ €}$
Tag 5: $0{,}01 \text{ €} \cdot 2 \cdot 2 \cdot 2 \cdot 2 \cdot 2 = 0{,}32 \text{ €}$

Am fünften Tag würde man 0,32 Euro bzw. 32 Cent geschenkt bekommen. An dieser Stelle könnte man es eventuell noch bereuen, nicht direkt die 1 Million Euro gewählt zu haben. Erstens müsste man nicht so viel rechnen – es ist doch etwas aufwendig, dieses Vorgehen für alle 30 Tage fortzuführen. Außerdem können sich viele nicht wirklich vorstellen, dass hier am Ende ein nennenswerter Betrag entstehen soll.

Zum Glück können wir unter Zuhilfenahme der Potenzen (siehe voriger Mathe-Reminder) die Entwicklung des Geldbetrages sehr viel schneller ausrechnen.

Tag 5 könnte man mit der Potenzschreibweise wie folgt darstellen:

$$0{,}01\,€ \cdot \underbrace{2 \cdot 2 \cdot 2 \cdot 2 \cdot 2}_{\text{5 Faktoren}} = 0{,}01\,€ \cdot 2^5 = 0{,}32\,€$$

Mittels Potenzen können wir uns folglich direkt ausrechnen, um welchen Geldbetrag es sich am Ende handelt. Die Höhe des Geldbetrages am 30. Tag lässt sich wie folgt berechnen:

$$\text{Tag 30:} \quad 0{,}01\,€ \cdot 2^{30} = 10.737.418{,}24\,€$$

Also über 10 Millionen Euro. Und das wäre nur der Geldbetrag am letzten Tag! Theoretisch würden noch die Geldbeträge der Vortage hinzukommen. Man würde sich also grün und blau ärgern, hätte man zu Beginn die 1 Million Euro gewählt. Eventuell hast du schon einmal die Legende vom Reiskorn und dem Schachbrett gehört. Diese Geschichte handelt von einem sehr ähnlichen Denkmuster. Das eben beschriebene Vorgehen mittels Potenzen führt uns in einem späteren Kapitel außerdem zum Thema Exponentialfunktionen.

Übrigens kommt das Gesundheitswesen wie bereits erwähnt tatsächlich nicht ganz ohne die mathematische Potenz aus. Und zwar im Gesundheitstrend der Homöopathie.[15] Dort spielen Verdünnungen eine entscheidende Rolle. Je öfters verdünnt, desto wirkungsvoller die Tinktur (heißt es). Beispielsweise entspricht eine C3-Potenz einer Verdünnung von $1 : 10^6$.

Sollte das Viagra-Kopfkino nicht zu einem Filmriss geführt haben, weißt du jetzt auch, dass Potenz häufig auch in der Alltagsmathematik eine Rolle spielt.

2.6 WARUM DU SCHON BEIM ERSTEN SCHLUCK KAFFEE AUCH ETWAS MATHEMATIK KONSUMIERST: EINHEITEN

Ich würde vermuten, dass du nicht einmal die erste Stunde deines Tages schaffst, ohne bewusst oder unbewusst an irgendeiner Stelle Einheiten zu verwenden. Wenn wir von Einheiten sprechen, dann sind Maßeinheiten zum Messen von etwas gemeint, also zum Beispiel Meter oder Liter – Größen, die einem Zählsystem zugrunde liegen. Das geht schon früh los. Dein Wecker klingelt um 6:30 Uhr – 30 Minuten eher als sonst. Als Erstes trinkst du einen großen Schluck Wasser aus einem 200-Milliliter-Glas auf deinem Nachttisch und spülst damit die Pantoprazol-Tablette (40 Milligramm) hinunter, die dir dein Hausarzt gegen Sodbrennen verschrieben hat. »Kommt bestimmt vom Stress«, meinte er bei deinem letzten Besuch. Noch etwas schlaftrunken torkelst du mit leicht zusammengekniffenen Augen in dein Bad und schüttest dir mehrmals ca. 14° Celsius kaltes Leitungswasser mit den Händen über dem Waschbecken in dein Gesicht.

Angekommen im Tag, gehst du durch dein 35-Quadratmeter-Wohnzimmer Richtung Küche und schaltest wie gewohnt die Kaffeemaschine ein. Wie immer, wenn *du* dir einen Kaffee machen möchtest, leuchten sämtliche Lämpchen auf, die ein Kaffeevollautomat nur zu bieten hat. Du atmest tief ein und aus und füllst zunächst ca. 1,4 Liter Wasser und 50 Gramm Bohnen nach. Nachdem die Kaffeemaschine immer noch keinen Kaffee ausspucken will, leerst du auch noch die Abtropfschale und den Kaffeesatz-Behälter. Jetzt leuchtet zwar noch »Dringend entkalken« auf, aber das ignorierst du, wie jeden Tag, und genießt endlich deinen ersten Schluck Kaffee. Du schlüpfst in dein Outfit of the Day, Konfektionsgröße 98, und springst in dein Auto. Auf dem Weg zu deiner 18 Kilometer entfernten Arbeit stellst du fest, dass du noch tanken musst. War klar.

Nachdem du dich wieder beruhigt hast, weil die Benzinpreise über Nacht um 12 Cent pro Liter gestiegen sind, nimmst du dir noch einen Cappuccino to go für schlappe 2,90 Euro von der Tanke mit und fährst weiter. Immerhin kannst du 30 Cent pro Entfernungskilometer absetzen. »Positiv denken«, rufst du dir in Erinnerung. »Immer positiv denken.« Du schaffst es gerade noch pünktlich ins Büro. Dein Kollege sitzt bereits mit einer Tasse heißem Kaffee an seinem höhenverstellbaren Schreibtisch und begrüßt dich mit den Worten »Ein gutes Pferd nimmt die Hürde knapp, oder wie?!«, während er seine Schreibtischplatte auf 72,5 Zentimeter hochfährt. Du ignorierst deinen Kollegen, so gut es geht, und steuerst zielstrebig auf die Kaffeemaschine zu. »Neues Spiel, neues Glück«, denkst du dir. Als du dort ankommst, strahlen dich bereits mehr Lämpchen an als in einem Berliner Klub, weil dein Kollege natürlich nicht nachgefüllt hat. Du verdrehst kurz die Augen und überschlägst die Tage bis zu deinem nächsten Urlaub. Etwa 80 Tage. Noch fast 3 Monate. Verdammt!

Gezwungenermaßen beschließt du, für den Moment auf Kaffee zu verzichten. Du startest deinen ausgeleierten PC, der mit 8 Gigabyte RAM und einem lausigen 21-Zoll-Bildschirm kaum noch deine Anforderungen erfüllt, und stellst fest, dass deine Tageslichtlampe am Schreibtisch nicht mehr funktioniert. Du notierst, dass ein passendes 27-Watt-Leuchtmittel bestellt werden muss. Dein Privat-Handy steckst du an deinen 5-Volt-Charger und diesen wiederum an die Firmensteckdose (dazu solltest du vielleicht noch Kapitel 5.3 lesen). Es ist 8:15 Uhr – dein erster Zoom-Call startet.

Einheiten, Einheiten, Einheiten – das geht so den ganzen Tag. Zugegeben, wir verwenden Einheiten deutlich öfter, als wir sie umrechnen müssen. Von Zeit zu Zeit schadet es aber auch nicht, wenn wir das Umrechnen von Einheiten beherrschen. Beispielsweise, wenn du überschlagen möchtest, zu welchen Mehrkosten die 12 Cent pro Liter an der Tankstelle in Euro umgerechnet führen. Oder weil du für deine Grundsteuererklärung Hektar in Quadratmeter (m^2) umrechnen sollst. Oder ganz einfach, weil du deinem Kind bei seinen Hausaufgaben weiterhelfen möchtest. Die gute Nachricht ist, dass du das (im Gegensatz zu deinem Kind) nicht alles auswendig können musst. Du kannst dieses Buch auch als Nachschlagewerk nutzen, wenn du in Zukunft eine Umrechnung von Einheiten (warum auch immer) durchführen musst.

Bevor wir so richtig einsteigen können, dürfen wir uns noch einmal mit der Potenzschreibweise (siehe Abschnitte 1.1, Zahlensysteme, und Abschnitt 2.5, Potenzen) auseinandersetzen. Beispielsweise gilt für einen Hektar (ha):

$$1 \text{ ha} = 100 \text{ m} \cdot 100 \text{ m} = 10.000 \text{ m}^2 = 1 \cdot 10^4 \text{ m}^2$$

Die Schreibweise mit Zehnerpotenzen macht insbesondere bei sehr großen bzw. sehr kleinen Zahlen Sinn. In nachfolgender Tabelle auf S. 60 stelle ich dir eine kompakte Übersicht der Zehnerpotenzen zur Verfügung.

Du siehst in der Tabelle, dass du vereinfacht ausgedrückt immer so viele Nullen hast, wie im Exponenten (= Hochzahl) stehen. **Beispiel**: $10^6 = 1.000.000$

Wenn du die Tabelle mit den Zehnerpotenzen erst einmal verinnerlicht hast, sind die Umrechnungen von Einheiten auch gar nicht mehr so schwer. Im Prinzip musst du von »groß auf klein« mit einer Zahl multiplizieren – meistens 10, 100 oder 1000. Und bei der Umrechnung von »klein auf groß« mit denselben Zahlen dividieren.

Zehnerpotenz	Dezimalzahl	Zehnerpotenz	Dezimalzahl
10^0	1		
10^1	10	10^{-1}	0,1
10^2	100	10^{-2}	0,01
10^3	1000	10^{-3}	0,001
10^4	10.000	10^{-4}	0,0001
10^5	100.000	10^{-5}	0,00001
10^6	1.000.000	10^{-6}	0,000001
10^7	10.000.000	10^{-7}	0,0000001
10^8	100.000.000	10^{-8}	0,00000001
10^9	1.000.000.000	10^{-9}	0,000000001

Ein paar einfache Beispiele vorab:

3,20 € = 3,20 · 100 ct = 320 ct
1033 ct = (1033 : 100) € = 10,33 €
4,2 km = 4,2 · 1000 m = 4,2 · 10^3 m = 4200 m
36,1 · 10^3 cm = 36.100 cm = (36.100 : 100) m = 361 m

Anspruchsvoller wird es, wenn man eine Einheit beim Umwandeln »überspringt« und beispielsweise Kilometer direkt in Zentimeter umrechnen möchte. Das könnte man dann in zwei Schritten rechnen, indem du erst einmal Kilometer in Meter (· 1000) und danach Meter in Zentimeter (· 100) umrechnest. Es ginge aber natürlich auch in einem Schritt, indem du direkt »· 100.000« bzw. »· 10^5« rechnest.

Spätestens dann empfiehlt sich die Schreibweise mit Zehnerpotenzen. Man kann solche Umrechnungen auch schön in Tabellenform darstellen:

Länge		· 1000 →		· 10 →		· 10 →		· 10 →	
	km (Kilometer)		m (Meter)		dm (Dezimeter)		cm (Zentimeter)		mm (Millimeter)
		: 1000 ←		: 10 ←		: 10 ←		: 10 ←	

Es folgen ein paar Beispiele, wie du am leichtesten mit der Tabelle arbeiten kannst, um Längen umzurechnen.

Beispiel: 4 Kilometer in Zentimeter

$4\ \text{km} = 4 \cdot 1000 \cdot 10 \cdot 10\ \text{cm} = 4 \cdot 10^5\ \text{cm} = 400.000\ \text{cm}$

(»· 1000 · 10 · 10« sind 5 Nullen, also abgekürzt 10^5)

Beispiel: 8 Millimeter in Meter

$8\ \text{mm} = (8 : 10 : 10 : 10)\ \text{m} = (8 : 10^3)\ \text{m} = 8 \cdot 10^{-3}\ \text{m} = 0{,}008\ \text{m}$

(»: 10 : 10 : 10« sind 3 Nullen, also abgekürzt 10^3, statt »: 10^3« darfst du auch »· 10^{-3}« schreiben).

Den Zwischenschritt kannst du dir im Alltag normalerweise sparen und direkt dein Ergebnis mithilfe der Tabelle als Zehnerpotenz oder Dezimalzahl angeben.

Beispiel: 49,3 Meter in Millimeter

$49{,}3\ \text{m} = 49{,}3 \cdot 10^3\ \text{mm} = 49.300\ \text{mm}$

Beispiel: 3548 Millimeter in Kilometer

$3548\ \text{mm} = (3548 : 10^6)\ \text{km} = 0{,}003548\ \text{km}$

Am Ende ist es normalerweise dir überlassen, ob du die Dezimalschreibweise oder die Schreibweise mit Zehnerpotenzen bevorzugst.

Kommen wir als Nächstes zur Umrechnung von Flächen.

Ich habe dir die Umrechnung wieder in einer Tabelle dargestellt. Da für Flächen die Längen quadriert werden, quadrieren sich auch die Umrechnungsfaktoren. Aus »· 10« wird »· 10^2« bzw. »· 100« usw.

Fläche		$\cdot 10^6$ →		$\cdot 100$ →		$\cdot 100$ →		$\cdot 100$ →	
	km^2		m^2		dm^2		cm^2		mm^2
		$: 10^6$ ←		$: 100$ ←		$: 100$ ←		$: 100$ ←	

Es folgen ein paar Beispiele, wie du am leichtesten mit der Tabelle arbeiten kannst, um Flächen umzurechnen.

Beispiel: 2 Quadratkilometer in Quadratdezimeter
(Zur Erinnerung: Ein Quadratdezimeter ist eine Fläche von 10 Zentimetern mal 10 Zentimetern)

$2\ km^2 = 2 \cdot 10^6 \cdot 100\ dm^2 = 2 \cdot 10^8\ dm^2$

Beispiel: 5 Quadratmillimeter in Quadratmeter

$5\ mm^2 = (5 : 100 : 100 : 100)\ m^2 = (5 : 10^6)\ m^2 = 0{,}000005\ m^2$

Sehr ähnlich funktioniert dann die Umrechnung von Volumeneinheiten. Da reden wir nicht mehr von Länge mal Breite, sondern von Länge mal Breite mal Höhe, kurz »Kubik«. Hier werden die Umrechnungsfaktoren entsprechend hoch 3 genommen. Aus »· 10« wird »· 10^3« bzw. »· 1000« usw. Du findest die Umrechnung in folgender Tabelle dargestellt.

Volumen									
		$\cdot 10^9$ →		$\cdot 10^3$ →		$\cdot 10^3$ →		$\cdot 10^3$ →	
	km^3		m^3		dm^3		cm^3		mm^3
		$: 10^9$ ←		$: 10^3$ ←		$: 10^3$ ←		$: 10^3$ ←	

Es folgen ein paar Beispiele, wie du am leichtesten mit der Tabelle arbeiten kannst, um Volumen-Raummaße umzurechnen.

Beispiel: 5,2 Kubikkilometer in Kubikdezimeter

$5{,}2\ km^3 = 5{,}2 \cdot 10^9 \cdot 10^3 = 5{,}2 \cdot 10^{12}\ dm^3 =$
$5.200.000.000.000\ dm^3$

Beispiel: 14 Kubikmillimeter in Kubikmeter

$14\ mm^3 = 14 : 10^3 : 10^3 : 10^3\ m^3 = 14 : 10^9\ m^3 =$
$0{,}000000014\ m^3$

Spätestens jetzt werden die Vorteile der Schreibweise durch Zehnerpotenzen klar.

Wenn du das Prinzip einmal verstanden hast, kannst du es auf sehr viele Umrechnungen von Einheiten anwenden. Natürlich gibt es noch eine ganze Reihe weiterer Einheiten, die man umrechnen könnte. Vor allem in der Physik. Das Prinzip bleibt aber recht ähnlich. Beispielsweise gilt für eine Kilowattstunde $1\ kWh = 1 \cdot 10^3\ Wh$, also 1000 Wattstunden. Wir wollen es hier aber nicht übertreiben. Gehen wir dazu noch kurz auf die Umrechnung von Massen ein.

Die Umrechnung von Massen, beispielsweise Tonnen in Gramm, ist recht ähnlich wie diejenige von Längen. Von daher ist auch die Umrechnungstabelle ähnlich aufgebaut.

Masse		· 1000 →		· 1000 →		· 1000 →	
	t (Tonne)		kg (Kilo-gramm)		g (Gramm)		mg (Milli-gramm)
		: 1000 ←		: 1000 ←		: 1000 ←	

Es folgen ein paar Beispiele, wie du am leichtesten mit der Tabelle arbeiten kannst, um Gewichtsangaben umzurechnen.

Beispiel: 4,32 Tonnen in Gramm

$4{,}32\ t = 4{,}32 \cdot 10^3 \cdot 10^3 = 4{,}32 \cdot 10^6\ g = 4.320.000\ g$

Beispiel: 31 Milligramm in Kilogramm

$31\ mg = (31 : 10^3 : 10^3)\ kg = (31 : 10^6)\ kg = (31 \cdot 10^{-6})\ kg = 0{,}000031\ kg$

Wie du vielleicht gemerkt hast, sind es gerade Einheiten, die wir im Alltag sehr oft anwenden. Ich hoffe, ich konnte dir bei der Umrechnung vieler Einheiten mit meinen Tabellen eine kleine Hilfestellung geben. Probiere es beim nächsten Mal einfach damit aus. Ich würde vorschlagen, du brühst dir erst einmal einen Kaffee oder Tee auf, bevor du dich dem nächsten Abschnitt widmest. Vielleicht hast du ja Glück und musst weder Wasser noch Bohnen nachfüllen …

2.7 WIE DU WAHRSCHEINLICH ZUM GEFEIERTEN ERFOLGSGURU WIRST: WAHRSCHEINLICHKEITEN

Wir alle kennen es: Zu später Stunde schließt du neue Bekanntschaften in einer Kölner Bar. Beim Anstoßen witzelt ihr über die kleinen Kölsch-Gläser und stellt dabei fest, dass ihr im selben Dorf im tiefsten Bayerischen Wald geboren seid. Auf Instagram siehst du einen Post von jemandem, der zum zweiten Mal in seinem Leben sechs Richtige im Lotto getippt hat, und in deinem Bekanntenkreis haben zwei Ehepartner am selben Tag Geburtstag. Was sich im Alltag gerne mal als unglaublicher Zufall tarnt, entpuppt sich bei genauerer Betrachtung als kalkulierbare Wahrscheinlichkeit. Darum soll es in diesem Abschnitt gehen.

Vorneweg: Wahrscheinlichkeiten sind ein schönes Beispiel für Abschnitt 2.1, weil du Wahrscheinlichkeiten letztlich als Dezimalzahl, Bruch oder Prozentzahl angeben kannst. Beim Münzwurf erhältst du beispielsweise »Kopf« mit einer Wahrscheinlichkeit von 50 Prozent. Du könntest statt 50 Prozent aber auch $\frac{1}{2}$ oder 0,5 schreiben.

Doch wie berechnet man die Wahrscheinlichkeit bei einem Münzwurf? Die Antwort darauf liefert zunächst die »relative Häufigkeit«. Damit lassen sich Wahrscheinlichkeiten nämlich experimentell ermitteln.

Führt man einen Versuch mit zufälligem Ausgang unter genau festgelegten Bedingungen einmal oder mehrmals durch, so spricht man von einem Zufallsexperiment. Fängt man nun an zu ermitteln, wie oft ein bestimmtes Ereignis eingetreten ist, spricht man von (absoluten) Häufigkeiten. Und setzt man die absolute Häufigkeit ins Verhältnis zur Gesamtzahl der Beobachtungen, erhält man die relative Häufigkeit.

Um dir relative Häufigkeiten leichter erklären zu können, führen wir ein anschauliches Zufallsexperiment durch und werfen eine »faire« Münze zehnmal in die Luft. »Fair« bedeutet in diesem Zusammenhang, dass »Kopf« und »Zahl« gleich wahrscheinlich sind. Dabei notieren wir, wie oft wir »Kopf« erhalten haben. Ich lade dich herzlich dazu ein, dieses kurze Experiment tatsächlich einmal durchzuführen. Angenommen, du hast jetzt siebenmal Kopf erhalten, dann würdest du die relative Häufigkeit (nennen wir sie h) wie folgt berechnen:

$$h = \frac{\text{Anzahl Kopf}}{\text{Gesamtzahl der Würfe}} = \frac{7}{10} = 70\,\%$$

Ich kann durchaus verstehen, dass dieses Ergebnis deine Skepsis schürt. Sicherlich hättest du eine Wahrscheinlichkeit näher bei 50 Prozent erwartet. Wie erklärt sich diese doch recht große Abweichung von 50 Prozent zu den errechneten 70 Prozent?

Ganz einfach: Wir haben nicht groß genug gedacht!

Mathe-Reminder

Die grundlegende Definition von »Wahrscheinlichkeit« ist die langfristige Chance, dass ein Zufallsprozess ein bestimmtes Ergebnis hat.

»Groß genug« bzw. »langfristig« meint, dass wir eine Münze nicht einfach nur zehnmal (n = 10), sondern 100-mal (n = 100), 1000-mal (n = 1000) und noch deutlich öfter werfen und dabei jeweils die Häufigkeit von »Kopf« notieren. Keine Sorge – du musst deine Münze jetzt nicht 1000-mal in die Luft werfen. Ich bin schließlich kein Unmensch. Ich habe mögliche relative Häufigkeiten für n = 10, n = 100 und n = 1000 in folgender Abbildung für dich dargestellt.

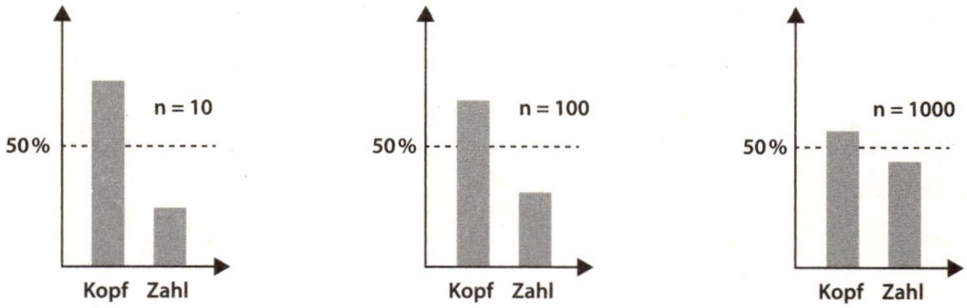

Hier erkennst du, dass die relativen Häufigkeiten um die 50-Prozent-Marke schwanken, mit gegenläufiger Entwicklung. Bei fortwährender Durchführung des Experiments wird die Schwankung immer kleiner und pendelt sich sozusagen bei 50 Prozent ein. Je häufiger du das Experiment also wiederholst, desto genauer stimmt die relative Häufigkeit am Ende mit der tatsächlichen Wahrscheinlichkeit überein – und die liegt bei 50 Prozent.

Mathe-Reminder

Das Gesetz der großen Zahlen sagt aus, dass sich die relative Häufigkeit eines Zufallsexperiments auf die theoretische Wahrscheinlichkeit eines Zufallsexperiments einpendelt, wenn man das Zufallsexperiment nur oft genug wiederholt.

Um Wahrscheinlichkeiten besser zu verstehen, sollten wir also langfristig und groß denken. Und wenn wir ab jetzt von Wahrscheinlichkeiten sprechen, gehen wir immer davon aus, dass sich bereits jemand die Mühe gemacht hat und das entsprechende Zufallsexperiment »genügend oft« wiederholt hat.

Bekannte Alltagsbeispiele liefern die sogenannten Laplace-Experimente. Diese zeichnen sich dadurch aus, dass jedes Ergebnis die gleiche Wahrscheinlichkeit (nennen wir sie p) besitzt.

Laplace-Wahrscheinlichkeiten lassen sich nach dem Prinzip »günstig durch möglich« berechnen. »Günstig« bezieht sich auf ein Ergebnis, das im Fokus der jeweiligen Betrachtung steht. Zum Beispiel ein gewünschtes Ergebnis.

Mathe-Reminder

Laplace-Wahrscheinlichkeit berechnen:

$$p = \frac{\text{Anzahl der günstigen Ergebnisse}}{\text{Anzahl der möglichen Ergebnisse}}$$

Mit welcher Wahrscheinlichkeit würfelt man eine 6?

$$p = \frac{1}{6}$$

Günstig ist nur die Zahl 6 – also ein günstiges Ergebnis bei insgesamt 6 möglichen Ergebnissen.

Mit welcher Wahrscheinlichkeit würfelt man eine gerade Zahl?

$$p = \frac{3}{6} = \frac{1}{2}$$

Günstig sind die Ergebnisse 2, 4 und 6, also drei günstige Ergebnisse bei insgesamt 6 möglichen Ergebnissen.

Mit welcher Wahrscheinlichkeit kommt beim Roulette eine rote Zahl?

$$p = \frac{18}{37} \approx 0{,}486$$

Insgesamt gibt es 37 Felder, von denen 18 rot, 18 schwarz und eines grün ist.

Möchtest du nun noch die Wahrscheinlichkeit berechnen, dass du zweimal hintereinander eine 6 würfelst oder dreimal hintereinander »Kopf« beim Münzwurf erhältst, sind wir im Bereich der mehrstufigen Zufallsexperimente angelangt. Hier möchte ich nur noch kurz darauf eingehen.

Im Wesentlichen multiplizierst du die Einzelwahrscheinlichkeiten.

Mit welcher Wahrscheinlichkeit würfelt man zweimal hintereinander eine 6?

$$p = \frac{1}{6} \cdot \frac{1}{6} = \frac{1}{36} \approx 0{,}028 = 2{,}8\,\%$$

Mit welcher Wahrscheinlichkeit erhält man beim Münzwurf dreimal hintereinander »Kopf«?

$$p = \frac{1}{2} \cdot \frac{1}{2} \cdot \frac{1}{2} = \frac{1}{8} = 12{,}5\,\%$$

Jetzt haben wir noch gar nicht geklärt, wie du mit einfacher Wahrscheinlichkeitsrechnung zum gefeierten Guru wirst. Achtung, Satire! Nehmen wir an, du möchtest schnell reich werden. Dann müsstest du dir lediglich die E-Mail-Adressen von 100.000 Personen besorgen – am besten, zumindest der Domain nach, in Deutschland lebend. Tatsächlich bekommt man diese schon für wenige Euro. Jetzt gehst du wie folgt vor: 50.000 Leuten schickst du eine E-Mail, in der du voraussagst, dass der Wert einer bestimmen Aktie steigt – nennen wir sie Aktie A. Den anderen 50.000 Personen schickst du eine E-Mail, in der du voraussagst, dass der Wert der Aktie A fällt. Bei der einen Hälfte wird deine Prognose stimmen – bei der anderen Hälfte nicht. Das gleiche Spiel wiederholst du eine Woche später. Den 50.000 Personen, bei denen deine Prognose richtig war, schickst du eine zweite E-Mail. 25.000 Personen davon prophezeist du bei Aktie A ein weiteres Wachstum, den anderen 25.000 einen Kursrückgang. Das Spiel wiederholst du insgesamt sechsmal, also sechs Wochen lang.

Wie groß ist die Wahrscheinlichkeit, dass man einer Person sechsmal hintereinander die richtige Kursentwicklung prophezeit?

Die Lösung lautet:

$$p = \frac{1}{2} \cdot \frac{1}{2} \cdot \frac{1}{2} \cdot \frac{1}{2} \cdot \frac{1}{2} \cdot \frac{1}{2} = \left(\frac{1}{2}\right)^6 = \frac{1}{64} = 0{,}015625 \approx 1{,}6\,\%$$

Die Überlegung ist vergleichbar mit sechsmal hintereinander Kopf und Zahl beim Münzwurf richtig zu tippen.

Das bedeutet gleichzeitig, dass du bei etwa 1,6 % der 100.000 Personen offensichtlich hellseherische Fähigkeiten bewiesen hast (die du vermutlich nicht besitzt). Das klingt vielleicht erst einmal nicht viel. Das sind aber immerhin 100.000 · 0,016 = 1600 Personen (siehe Abschnitt 2.4, Prozentrechnung).

Jetzt brauchst du nur noch einen Online-Kurs zum einmaligen Aktionspreis von 645 Euro statt 1900 Euro aufzusetzen und dieses Schnäppchen zu vermarkten. Wenn nur die Hälfte (1600 : 2 = 800) aufgrund deiner hellseherischen Fähigkeiten bucht, machst du immerhin 800 · 645 € = 516.000 € Umsatz. Läuft! Rechne dir gerne aus, was das bedeutet, wenn du dieses Vorgehen auf 1 Million Personen ausdehnst ...

Ich hoffe, ich habe dich jetzt nicht auf dumme Gedanken gebracht. Aber am Ende kannst du solche Scharlatane mit etwas mathematischen Grundverständnis leicht durchschauen. Also sehr wahrscheinlich.

2.8 AUFGABEN ZUM ÜBEN UND INTENSIVIEREN

Aufgabe 6:

Fülle die folgende Umrechnungstabelle vollständig aus, indem du die dort jeweils angegebenen Werte entsprechend dem Beispiel umwandelst.

Dezimalzahl	Prozentzahl	Bruch
0,33	33 %	$\frac{33}{100}$
	8 %	
0,2		
		$\frac{11}{25}$

Aufgabe 7:

Du betrachtest für deine am Wochenende geplante Bergtour das Höhenprofil eines Berges. Dieses ist in drei gleich lange Etappen unterteilt. Etappe 1 hat eine durchschnittliche Steigung von 10 Prozent. Etappe 2 hat eine durchschnittliche Steigung von 14 Prozent. Etappe 3 wird mit einer durchschnittlichen Steigung von 9 Prozent angegeben.

a) Berechne die durchschnittliche Steigung für die gesamte Bergtour.

b) Um wie viele Meter steigt der Berg in Etappe 2 durchschnittlich auf einer Strecke von 300 Metern an?

Aufgabe 8:

Vereinfache so weit wie möglich:

a) $\left(\frac{3}{5} + \frac{1}{4}\right) \cdot \frac{2}{3} =$

b) $0{,}75 - \frac{2}{7} : \frac{4}{5} =$

Aufgabe 9:

a) Berechne $(10\,\%)^2$.

b) Berechne 43 Prozent von 900 Kilogramm.

c) Jemand investiert im Wert von 54.000 Euro in Aktien und erhält dafür eine Rendite von 8 Prozent im ersten Jahr. Wie viel sind seine Aktien am Ende des ersten Jahres wert?

d) Eine Badewanne umfasst ein Volumen von insgesamt 180 Litern und wird mit 54 Liter Wasser befüllt. Berechne den prozentualen Anteil der Füllmenge am Gesamtvolumen.

Aufgabe 10:

In seinem Lied »Goldjunge« aus dem Jahr 2006 rappt Sido, dass er pro Sekunde 4 Cent verdient. Berechne seinen damaligen Jahresverdienst. Es darf angenommen werden, dass der Verdienst nicht auf einen 8-Stunden-Job beschränkt ist, sondern für den ganzen Tag gilt. Gib das Ergebnis in Euro an. Runde anschließend auf Zehntausender und stelle das gerundete Ergebnis noch einmal in der Zehnerpotenzschreibweise dar.

Aufgabe 11:

In einer Bäckerei in Backnang bekommt man am Samstag seine Brötchen geschenkt, wenn man mit zwei Spielwürfeln einen 6er-Pasch, also zwei 6er würfelt. Berechne die Wahrscheinlichkeit, dass ein Kunde am Samstag nichts für seine Brötchen zahlen muss.

3
WAS DU ÜBER LÄNGEN, FLÄCHEN UND VOLUMINA VIELLEICHT NOCH NICHT WUSSTEST

Mitte September und bei 27° Celsius im Schatten entdeckst du die ersten Schokoladen-Nikoläuse im Supermarktregal. Dabei fällt dir ein, dass du dieses Jahr zur Weihnachtszeit eine Lichterkette an deinem Küchenfenster installieren wolltest. Nimmst du die 3-Meter- oder doch lieber die 5-Meter-Lichterkette, die gerade im Angebot ist? Außerdem wolltest du ohnehin mal wieder deine Fenster putzen. Auf der Rückseite des Reinigers steht »Reinigt bis zu 105 m^2 Fensterfläche«. Wie war das bloß noch einmal mit dem Umfang und der Fläche?

Und wenn wir schon einmal bei Flächen sind: »Wie bekommt man mit 10 Meter Zaun die maximale Fläche?« steht noch im Textfeld deiner letzten Google-Suche. Du wolltest deine bessere Hälfte beim Bau eines Hasengeheges für eure Tochter unterstützen.

Die Pool-Saison neigt sich im September auch langsam dem Ende zu. Es wird Zeit, das Wasser abzulassen. Kann man das einfach in den Garten ablassen? Und vor allem, wie viel Wasser wird das sein?

Die meiste Zeit schwamm sowieso dein Golden Retriever im Pool. Trinken möchte man das Wasser also auf jeden Fall nicht mehr. Aber wie lange würde das theoretisch dauern?

Fragen über Fragen. Einige davon wirst du am Ende dieses Abschnitts sicherlich beantworten können.

3.1 PASST DIE MAUS UNTER DEM SEIL HINDURCH? LÄNGEN

Im Alltag begegnen uns Längen überall – von Fahrtwegen bis zu Raumabmessungen. Bei einem Spaziergang an der frischen Luft legt man eine Distanz zurück, während Möbelmaße die Gestaltung von Räumen beeinflussen. Bei Geschwindigkeiten geht es um die zurückgelegte Strecke pro Zeit. Und wer stand noch nicht staunend vor einem 4K-NanoCell-TV mit 65-Zoll-Bildschirmdiagonale? Längen sind also ein wichtiger Bestandteil unseres täglichen Lebens, sei es bei der Fortbewegung, der Raumplanung oder Unterhaltung. Bereits im Abschnitt 2.6 haben wir uns mit der Umrechnung von Längeneinheiten beschäftigt. In diesem Abschnitt möchte ich dir die Längenberechnung anhand einer recht populären Aufgabe vorstellen, deren Ergebnis man wahrscheinlich so nicht erwarten würde. Sei gespannt ...

Stell dir vor, die Erde wäre eine perfekte Kugel. Anschließend wird um die Erde ein Seil gespannt. Nun wird das Seil um exakt einen Meter verlängert und so um die Erde gelegt, dass es überall gleich weit von der Erdoberfläche absteht.

Die Frage ist jetzt, ob eine Maus unter dem Seil hindurchpasst. Nimm dir gerne einen Moment Zeit und schätze einfach mal, ob ja oder nein.

Zur leichteren Veranschaulichung habe ich dir nachfolgend eine Abbildung eingefügt, die das Szenario darstellen soll.

Deine Intuition wird dir bei dieser Fragestellung eventuell einen Streich spielen. Fragen wir also lieber die Mathematik.

Mathe-Reminder

Mit dem Radius r lassen sich mit folgenden Formeln Umfang und Fläche eines Kreises berechnen:

Umfang Kreis: $U_{Kreis} = 2 \cdot \pi \cdot r$ (bzw. oft auch $2 \cdot r \cdot \pi$)

Fläche Kreis: $A_{Kreis} = \pi \cdot r^2$ (bzw. oft auch $r^2 \cdot \pi$)

Dabei ist π die Kreiszahl, bekannt als »Pi«, und beträgt gerundet 3,14. In meinen Berechnungen in diesem Buch arbeite ich mit der Pi-Taste am Schultaschenrechner, die natürlich weit mehr Nachkommastellen aufweist.

Um am Ende festzustellen, ob die Maus hindurchpasst, müssen wir einmal den Radius vom Mittelpunkt der Erde zur Erdoberfläche bestimmen (nennen wir ihn r_1). Anschließend benötigen wir noch den Radius vom Mittelpunkt der Erde zum Seil (nennen wir ihn r_2).

Die Differenz der beiden Radien gibt den Abstand zwischen Erdoberfläche und Seil an. Wenn dieser Abstand groß genug ist, sollte die Maus hindurchpassen.

Eine Angabe, von der alles ausgeht, möchte ich dir nicht vorenthalten:

$$\text{Umfang der Erde: } U_{Erde} = 40.075 \text{ km}$$

(Das sagt zumindest Google[16] und meint damit wohl eine Art durchschnittlichen Umfang).

Für die folgende Rechnung bietet es sich an, Kilometer in Meter umzurechnen.

$$U_{Erde} = 40.075 \text{ km} = 40.075 \cdot 1000 \text{ m} = 40.075.000 \text{ m}$$

Ausgehend vom Umfang können wir die Formel für den Umfang nach dem Radius r_1 umstellen.

$$U_{Erde} = 2 \cdot \pi \cdot r_1$$

$$40.075.000 \text{ m} = 2 \cdot \pi \cdot r_1 \quad | : 2\pi$$

$$\frac{40.075.000 \text{ m}}{2\pi} = r_1$$

$$r_1 \approx 6.378.134{,}34 \text{ m}$$

Verlängert man das Seil nun um 1 Meter und legt es entsprechend der Aufgabenstellung wieder gleichmäßig um die Erde, ergibt sich folgender Umfang:

$$U = 40.075.000 \text{ m} + 1 \text{ m} = 40.075.001 \text{ m}$$

Damit lässt sich auch der Radius r_2 (genau wie r_1) bestimmen:

$$40.075.001\ \text{m} = 2 \cdot \pi \cdot r_2 \quad |: 2\pi$$
$$\frac{40.075.001\ \text{m}}{2\pi} = r_2$$
$$r_2 \approx 6.378.134{,}50\ \text{m}$$

Abschließend können wir noch den Abstand d berechnen. Wie bereits geschrieben, müssen wir dazu die beiden Radien r_1 und r_2 voneinander abziehen.

$$d = r_2 - r_1 = 6.378.134{,}50\ \text{m} - 6.378.134{,}34\ \text{m} = 0{,}16\ \text{m} = 16\ \text{cm}$$

Obwohl man das Seil nur um einen Meter verlängert hat, entsteht ein Abstand von Erdoberfläche zu Seil von unglaublichen 16 Zentimetern. Es würde also nicht nur eine Maus hindurchpassen, sondern sogar eine kleine Katze. Für deinen 4K-NanoCell-TV mit 65-Zoll-Bildschirmdiagonale würde es auch noch reichen, wenn du ihn flach durchschiebst.

3.2 DIE MAXIMALE FLÄCHE MIT 10 METER ZAUN: FLÄCHEN

Deine Tochter liegt dir seit Monaten in den Ohren: »Papi, Papi, bitte schenk mir einen Hasen zum Geburtstag. Bitteee!« Dabei strahlen dich ihre großen blauen Augen an wie ein wolkenloser Himmel im Hochsommer. Während du gerade noch die Verhandlungstaktiken deiner Tochter mit den Verhörmethoden eines CIA-Agenten vergleichst, umschlingen dich bereits ihre kleinen Arme. »Dankeee!« ist das Letzte, was du hörst, bevor du dich im

Tierheim wiederfindest, um gemeinsam mit deiner Tochter einen Hasen auszusuchen.

»Sie müssen mindestens zwei nehmen!«, ertönt eine Stimme hinter dir. Als du dich umdrehst, siehst du eine junge Frau, deren Poloshirt-Aufdruck verrät, dass sie im Tierheim arbeitet. »Das Fehlen eines Artgenossen ist für die hoch sozialen Tiere eine Tortur – aber das wissen Sie sicherlich bereits«, fügt sie noch hinzu. »Natürlich«, antwortest du und würdest dir am liebsten in die Faust beißen. Stattdessen setzt du ein gezwungenes Lächeln auf, um nicht völlig ahnungslos zu wirken. »Natürlich«, wiederholst du noch einmal, allerdings etwas leiser und bedachter. Fast so, als würdest du mit dir selbst reden. Während sich die Faust in deiner rechten Hosentasche langsam wieder löst, kann deine Tochter ihr Glück kaum fassen. Zwei Hasen statt einem. Das hast du dir heute Morgen irgendwie anders vorgestellt.

Dein nächster Halt befindet sich am anderen Ende der Stadt – der Baumarkt. Auf deiner Liste stehen Kleintierstreu, Bergwiesenheu und ein engmaschiger Zaun für ein Außengehege, das du selber basteln möchtest. Auf dem Nachhauseweg hältst du noch an einem Supermarkt und kaufst für die kleinen Nager frisches Gemüse.

Durch das Terrassenfenster siehst du deiner Frau und deiner Tochter kurz dabei zu, wie sie freudestrahlend jeweils einen Hasen auf dem Arm tragen und streicheln. Währenddessen fängst du im Garten an, den 10 Meter langen Zaun auszurollen. Da zwei Hasen offensichtlich mehr Platz brauchen als ein Hase, stellst du dir die entscheidende Frage, wie du mit 10 Meter Zaun eine möglichst große Fläche abstecken kannst. Die flauschigen Kleintiere sollen schließlich maximal viel Platz in ihrem Gehege haben.

Dein letzter Mathematikunterricht liegt zwar bereits ein paar Jahre zurück, aber du erinnerst dich noch vage (zumindest mit etwas Unterstützung von Dr. Google) an eine recht kompakte Übersicht der wichtigsten geometrischen Flächen und der dazugehörigen Formeln zur Berechnung des jeweiligen Flächeninhalts, der mit »A« bezeichnet wird, vom englischen *area* für »Fläche«:

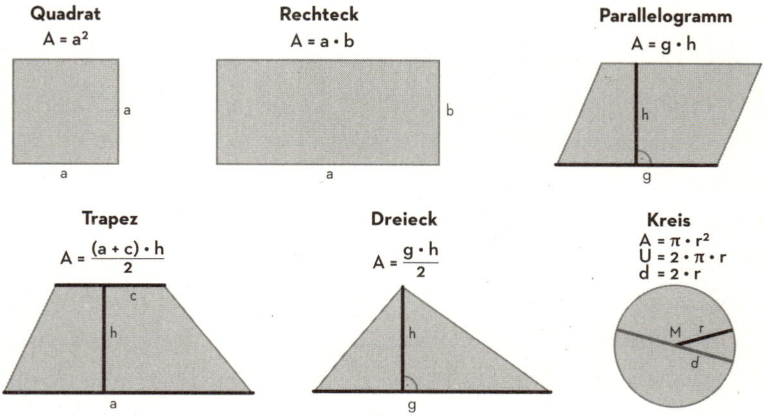

So weit, so gut. Doch welche dieser Flächen hat bei einem vorgegebenen Umfang von 10 Meter Zaun am Ende den größten Flächeninhalt? Da du dir ein trapezförmiges Hasengehege nicht so wirklich vorstellen kannst, beginnst du verschiedene Rechtecke auszuprobieren.

Du startest mit einer Länge von 4 Metern. Nach kurzer Überlegung wird dir klar, dass die Breite dann 1 Meter betragen muss, wenn der Umfang am Ende 10 Meter betragen soll. Zur Sicherheit schnappst du dir Bleistift und Zettel und kritzelst folgende kurze Rechnung auf das knittrige Stück Papier:

Umfang eines Rechtecks: $U = 2a + 2b$

$10\ m = 2 \cdot 4\ m + 2b$

$10\ m = 8\ m + 2b \quad | - 8\ m$

$2\ m = 2b \quad | : 2$

$b = 1\ m$

Du freust dich, dass du dich nicht verrechnet hast, und beginnst ein Rechteck mit den Maßen 4 m + 1 m + 4 m + 1 m = 10 m abzustecken. Trotz der Tatsache, dass dieses Gehege etwas schmal und unförmig wirkt, berechnest du noch kurz mit der Flächenformel $A = l \cdot b = 4\ m \cdot 1\ m = 4\ m^2$ die Fläche dieses Rechtecks. Du vermutest, dass das unmöglich die maximale Fläche sein kann, und probierst ein neues Rechteck aus.

Diesmal startest du mit einer Länge von 3 Metern und erhältst damit (automatisch) eine Breite von 2 Metern für das Hasengehege. Deine Fläche beträgt nun $A = l \cdot b = 3\ m \cdot 2\ m = 6\ m^2$. »Okay, das ist auf jeden Fall besser als $4\ m^2$«, denkst du dir. Gleichzeitig fragst du dich, ob das wirklich schon die maximal mögliche Fläche ist.

Eine Zeit lang spielst du noch verschiedene Längen und Breiten durch, ohne einen Fortschritt zu erzielen, als du deine Frau grinsend neben dir bemerkst. »Du weißt schon, dass ein Quadrat die größtmögliche Fläche ergibt?!«, sagt sie und gibt sich größte Mühe, dabei nicht zu lachen. »Natürlich!«, erwiderst du und setzt das gleiche Lächeln wie heute Morgen im Tierheim auf. Aber woher weißt du das eigentlich?«, fragst du etwas skeptisch zurück. »Ich hab das mal bei *MatheMitNick* auf Instagram gesehen«, antwortet sie. »Bei wem???«, sinnierst du noch kurz und widmest dich bereits im nächsten Atemzug dem ominösen Tipp mit dem quadratischen Gehege.

Wenn im Quadrat alle Seiten gleich lang sind, ergibt sich bei einem Umfang von 10 Metern also eine Seitenlänge von 10 m : 4 = 2,5 m. Du steckst das Quadrat im Rasen ab und berechnest $A = l \cdot b = 2{,}5\ m \cdot 2{,}5\ m = 6{,}25\ m^2$. Der Flächeninhalt ist tatsächlich größer als alle anderen, die du zuvor ausprobiert hast.

Die Sonne verschwindet langsam, aber sicher hinter den Häusern deiner Wohnsiedlung. Du beschließt, noch kurz das Gehege zu befestigen, um es gegen Marder und andere ungebetene Gäste abzusichern, und füllst reichlich Heu auf. Fertig.

Zufrieden, aber etwas erschöpft verräumst du noch deine Gerätschaften und begibst dich anschließend auf den Weg nach drinnen. So ganz lässt dich das Thema aber nicht los. Warum hat ausgerechnet das Quadrat die größte rechteckige Fläche? Und ein Kreis müsste doch bei gleichem Umfang eine noch größere Fläche haben. Du fragst deine Frau, ob dieser »MatheNick« auch ein ausführlicheres Video dazu hat. Prompt vibriert dein Handy. Im Posteingang von WhatsApp siehst du von »Schatzi« einen Link zum Video:

Ein wenig hast du die Befürchtung (nicht ganz zu Unrecht), dass es dort um Stoff der Oberstufe gehen wird. Aber wenn du irgendwann einmal die Muße hast, da bist du dir ganz sicher, wirst du dir dieses Video auf jeden Fall ansehen ...

3.3 ALLE VOLUMINA MIT NUR EINER VOLUMENFORMEL?! VOLUMENBERECHNUNG

Schallendes Gelächter im Wohnzimmer. Von Neugier gepackt, werfe ich einen kurzen Blick aus der Küche Richtung Couch. War klar – ein Hundevideo. Es sind ja meistens tollpatschige Katzen oder süße Hunde, die das Netz begeistern. In diesem Fall etwa 15 Golden Retriever, die sich einen Pool teilen. Gleichzeitig. Schwimmen, im Sinne von Bahnen ziehen, wäre für die Besitzer zwar ohnehin unmöglich. Aber auch planschen stelle ich mir während einer Retriever-Poolparty wenig entspannt vor. Und wenn ich ganz ehrlich sein darf, auch nicht so wirklich hygienisch. Wer wie ich sein Leben lang Hunde hatte, weiß wahrscheinlich, was ich meine. Umso amüsanter fand ich die Frage der kleinen Nina, wie lange es dauern würde, diesen Pool leerzutrinken. Neben der Tatsache, dass wohl niemand auch nur einen Schluck aus dem Pool trinken möchte, finde ich die Fragestellung aus dem Blickwinkel der Mathematik dennoch recht spannend. Das ist das Schöne an der Mathematik. Sie bietet den Luxus, derartige Gedankenexperimente theoretisch durchzuspielen, ohne literweise gechlortes Retriever-Wasser trinken zu müssen. Um Ninas Frage beantworten zu können, widmen wir uns der Volumenberechnung.

Im Alltag haben wir oft mit sogenannten Körpern zu tun, deren Volumen (oder auch Rauminhalt) durchaus von Interesse für dich sein kann. »Körper«, das sind in der Mathematik Gebilde, die von allen Seiten durch Flächen begrenzt sind, zum Beispiel eine Kugel, ein Kegel oder ein Zylinder. Nehmen wir eine Kugel Stracciatella-Eis, bei der du hoffst, dass sie der Eisverkäufer möglichst großzügig mit seinem Eisportionierer für dich aufrollt. Oder das Volumen einer Maß Bier auf dem Oktoberfest, das idealerweise einem Liter entsprechen sollte, auch wenn es das nie tut. Der Maßkrug, vor allem das Innere, hat dabei näherungsweise die Form eines Zylinders. Als Bauherr oder Bauherrin wirst du beim Thema Finanzierung oder Versicherung zwangsläufig die Kubatur deines Hauses (das Gebäudevolumen) benötigen. Ein Haus lässt sich meistens durch Quader und Prismen vereinfacht darstellen (siehe die nächste Abbildung auf Seite 85). Und wenn du darüber hinaus noch einen Pool im Garten planst, wird dieser im Regelfall die Form eines Quaders haben. Ein Quader ist ein Körper, der von sechs Rechtecken begrenzt ist – womit wir wieder beim Thema sind.

Vielleicht hat dich die Überschrift ja schon ein wenig neugierig gemacht. »Alle Volumina mit nur einer Formel?!« Aus deiner Schulzeit hast du vielleicht noch verschiedene **Formeln für unterschiedliche Körper** im Kopf:

Das Volumen eines Würfels: $V = a^3$
Das Volumen eines Quaders: $V = a \cdot b \cdot c$
Oder das Volumen eines Zylinders: $V = r^2 \cdot \pi \cdot h$

Auf den ersten Blick sehen diese Formeln alles andere als gleich aus – sind sie im streng mathematischen Sinne auch nicht. Allerdings steckt hinter all diesen **Formeln zur Berechnung des Volumens** (Kugeln ausgenommen) immer dasselbe Prinzip:

Volumen = Grundfläche · Höhe
also: $V = G \cdot h$

Schauen wir uns dazu die drei Volumenformeln von gerade eben noch einmal genauer an.

Im Würfel ist die Grundfläche ein Quadrat mit Seitenlänge a. Die quadratische Grundfläche würdest du also mit $G = a \cdot a$ berechnen. Die Höhe des Würfels hat ebenfalls die Länge a. Damit ergibt sich:

$V = G \cdot h = a \cdot a \cdot a = a^3$

Ein Würfel mit einer Kantenlänge von 10 Zentimetern hätte also folgendes Volumen:

$V = (10\ \text{cm})^3 = 1000\ \text{cm}^3$

Ähnlich können wir uns die Volumenformel eines Quaders überlegen, der die Kantenlängen a, b und c besitzt. Seine Grundfläche würdest du mit $G = a \cdot b$ berechnen. Die Höhe des Quaders entspricht der Kantenlänge c. Damit ergibt sich:

$V = G \cdot h = a \cdot b \cdot c$

Ein Quader, der 5 Meter lang, 3 Meter breit und 2 Meter hoch ist, hätte dann folgendes Volumen:

$V = 5\ m \cdot 3\ m \cdot 2\ m = 30\ m^3$

Schauen wir uns jetzt noch die Formel für die Volumenberechnung eines Zylinders an. Die Grundfläche eines Zylinders ist ein Kreis, dessen Flächeninhalt du mit $G = r^2 \cdot \pi$ berechnen kannst. Mit der Höhe h ergibt sich:

$V = G \cdot h = r^2 \cdot \pi \cdot h$

Ein Zylinder, der einen Radius von 5 Zentimetern und eine Höhe von 8 Zentimetern hat, hätte demnach folgendes Volumen:

$V = (5\ cm)^2 \cdot \pi \cdot 8\ cm = 200 \cdot \pi\ cm^3 \approx 628{,}32\ cm^3$

Wie du siehst, steckt hinter der Volumenberechnung ein einfaches Prinzip. Du musst dir also nicht alle Formeln zur Volumenberechnung auswendig merken. Allerdings möchte ich noch auf zwei weitere Körper eingehen. Die eben genannten drei Körper laufen alle gerade nach oben. Wenn ein Körper spitz zuläuft, das ist bei der Pyramide und dem Kegel der Fall, gilt auch das grundsätzliche Prinzip »Grundfläche · Höhe«, allerdings müssen wir noch »1/3« voranstellen. Die **Volumenformel für Pyramiden und Kegel** lautet entsprechend:

$$V = \frac{1}{3} \cdot G \cdot h$$

Dabei ist die Grundfläche eines Kegels kreisförmig und kann ebenfalls durch $G = r^2 \cdot \pi$ berechnet werden. Eine Pyramide kann unterschiedliche Grundflächen besitzen. Es gibt Pyramiden mit dreieckiger Grundfläche, es gibt aber auch Pyramiden mit viereckiger Grundfläche. Die Cheopspyramide von Gizeh hat beispielsweise (näherungsweise) eine quadratische Grundfläche. Zur leichteren

Veranschaulichung findest du in der folgenden Abbildung eine **Übersicht der wichtigsten Körper und deren Volumenformel**:

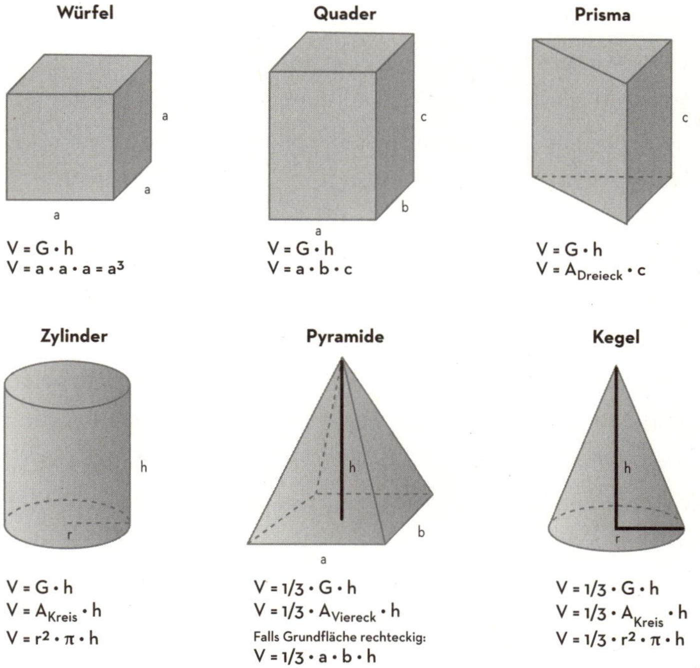

Eine Anmerkung noch: Eine Ausnahme vom Prinzip »Grundfläche · Höhe« findet sich bei der Berechnung des Kugelvolumens. Die zugehörige **Volumenformel einer Kugel** lautet:

$$V = \frac{4}{3} \cdot r^3 \cdot \pi$$

Kommen wir nun endlich zur Eingangsfrage von Nina, wie lange es dauern würde, einen Pool leerzutrinken. Dazu sind zunächst ein paar Annahmen notwendig. Unter anderem, dass der Pool ein perfekter Quader ist, das Poolwasser während des Experiments nicht verdunstet und du über die gesamte Dauer keine Vergiftungserscheinungen aufweist. Laut Pool-Ratgeber von Obi[17] sollte ein Pool im Garten etwa 8 Meter lang, 3,5 Meter breit und 1,4 Meter tief sein. Diese Werte übernehmen wir der Einfachheit halber und gehen davon aus, dass der Pool bis zum Rand gefüllt ist. Darüber hinaus sollten wir uns noch darauf einigen, wie viel ein erwachsener Mensch am Tag trinkt bzw. trinken sollte. Die Techniker Krankenkasse empfiehlt auf ihrer Homepage eine Flüssigkeitsmenge von etwa 35 Milliliter pro Kilogramm Körpergewicht.[18] Bei einem Erwachsenen mit 80 Kilogramm Körpergewicht würde das $80 \cdot 35$ ml $= 2800$ ml $= 2{,}8$ l ergeben. Da aber auch Lebensmittel, vor allem Obst und Gemüse, teilweise einen hohen Wassergehalt haben, genügen laut der Techniker Krankenkasse etwa 1,5 Liter, die wir über Getränke aufnehmen sollten. Dieser Wert kann natürlich deutlich steigen, wenn es draußen sehr warm ist oder jemand viel Sport treibt. Wir betrachten in folgender Rechnung nur die Menge an Wasser, die ein Mensch trinken würde, um seinen Durst zu stillen, und rechnen dabei mit 1,5 Litern täglich. Ganz schön viele Annahmen, um der kleinen Nina weiterzuhelfen ... Die Aufgabe sollte ab jetzt aber schnell gelöst sein.

Im ersten Schritt berechnen wir das Volumen des Quaders:

$$V = G \cdot h = a \cdot b \cdot c = 8\text{ m} \cdot 3{,}5\text{ m} \cdot 1{,}4\text{ m} = 39{,}2\text{ m}^3$$

Um im zweiten Schritt auszurechnen, wie lange ein lebensmüder Mensch bräuchte, diesen Pool leerzutrinken, müssen wir die Wassermenge im Pool durch die 1,5 Liter teilen, die ein Mensch (gemäß unserer Annahme) täglich trinkt. Dazu ist es vorteilhaft, auch die Wassermenge im Pool in Liter umzurechnen:

$39{,}2\text{ m}^3 = 39{,}2 \cdot 10^3\text{ dm}^3 = 39.200$ l (ein dm^3, also ein Kubikdezimeter, entspricht genau einem Liter – siehe Abschnitt 2.6, Einheiten)

$39.200\text{ l} : 1{,}5\text{ l/Tag} \approx 26.133$ Tage

In Jahren (dazu teilen wir durch 365 und ignorieren Schaltjahre) gerechnet, wären das

26.133 Tage : 365 ≈ 72 Jahre

Ein vergleichsweise kleiner Pool im Garten, in dem man noch nicht einmal Bahnen schwimmen kann, beinhaltet faktisch die benötigte Wassermenge einer Lebensspanne. Hättest du das gedacht? Jedenfalls ist der Versuch, einen Pool leerzutrinken, um diese Rechnung und meine Annahmen auf Richtigkeit zu überprüfen, zeitlich ziemlich sinnlos. Ich empfehle, stattdessen lieber ein paar Hundevideos anzusehen. Denn Lachen ist gesund – in diesem Fall sogar viel gesünder!

3.4 AUFGABEN ZUM ÜBEN UND INTENSIVIEREN

Aufgabe 12:

Welchen Winkel schließen die beiden Uhrzeiger einer Uhr um 13 Uhr ein? Die Breite der Zeiger darf dabei vernachlässigt werden.

Aufgabe 13:

Ein rechteckiges Zimmer in deiner Wohnung ist 3,2 Meter lang und 5 Meter breit. Berechne, wie viele Quadratzentimeter dieses Zimmer hat.

Aufgabe 14:

In einem Rechteck können zwei gleich große Kreise perfekt einbeschrieben werden – siehe nachstehende Skizze. Der Radius der beiden Kreise beträgt dabei jeweils 10 Zentimeter.

a) Berechne den Inhalt der Fläche des Rechtecks.
b) Wie groß ist die dunkelgraue Fläche zwischen dem Rechteck und den beiden Kreisen?

Aufgabe 15:

In einem gleichschenkligen Trapez hat einer der Innenwinkel ein Maß von 70°. Berechne die Größe der anderen Innenwinkel.

Aufgabe 16:

Wir stellen uns die Papprolle einer Klopapierrolle als perfekten Mantel eines Zylinders vor. Der Radius der Papprolle beträgt dabei 2,1 Zentimeter und die Höhe 9,5 Zentimeter.
a) Berechne das Volumen des zugehörigen Zylinders.
b) Berechne die Mantelfläche des Zylinders. Tipp: Stelle dir vor, du würdest die Papprolle hochkant mit einer Schere aufschneiden. Welche Fläche entsteht dabei?

4
WENN ES FUNKTIONIERT, WAREN ES MEISTENS FUNKTIONEN

Dass »Funktionen« in der (Schul-)Mathematik eine große Rolle spielen, weißt du wahrscheinlich. Immerhin werden Schülerinnen und Schüler ab der siebten Klasse damit malträtiert. Dass sich viele Alltagssituationen mittels Funktionen modellieren lassen, ist vielen wiederum nicht mehr so sehr bewusst oder überhaupt bekannt. Über lineare Funktionen lassen sich beispielsweise viele Leasingverträge modellieren und leichter miteinander vergleichen. Selbst die Faustformel aus der Fahrschule für die ungefähre Berechnung des Bremswegs entpuppt sich bei näherer Betrachtung als quadratische Funktion. Wie lange vier Mähroboter brauchen, um eine große Rasenfläche zu mähen, wenn ein Mähroboter 12 Stunden braucht, könntest du beispielsweise mithilfe der gebrochenen Funktionen ermitteln. Und wie sich dein Festgeld auf einem Sparkonto entwickelt, wenn du 10.000 Euro über fünf Jahre anlegst, kannst du ganz einfach mit Exponentialfunktionen darstellen. Diese und ähnliche Fragestellungen können wir am Ende dieses Kapitels beantworten.

Bevor wir uns jedoch mit den verschiedenen Funktionstypen auseinandersetzen, klären wir zuallererst, was eine Funktion überhaupt ist.

Mathe-Reminder

In der Mathematik ist eine Funktion eine Beziehung von zwei Mengen, die jedem Element der einen Menge (x-Wert) genau ein Element der anderen Menge (y-Wert) zuordnet.
Im Allgemeinen schreibt man für Funktionen f(x) (gesprochen »f von x«).

In der Literatur wird der Funktionsbegriff unterschiedlich definiert. Die Definition im obigen Mathe-Reminder ist meiner Meinung nach noch eine der etwas leichter zu verstehenden – trotzdem wird sich ein Laie eventuell nicht sehr viel darunter vorstellen können. Daher würde ich es gerne noch einmal etwas vereinfacht formulieren. Letztlich kannst du dir eine Funktion so vorstellen, dass du zunächst einen Wert übergibst bzw. einsetzt (das ist der x-Wert) und dafür einen Wert zurückbekommst (das ist der y-Wert oder Funktionswert). Ähnlich wie bei einer Kaffeemaschine. Du übergibst erst einmal einen Tastendruck aus der Menge der möglichen Namen für Heißgetränke, zum Beispiel Latte macchiato. Und bekommst, falls die Kaffeemaschine richtig »funktioniert«, dein gewünschtes Heißgetränk zurück.

Der bildhafte Vergleich von Funktion und Kaffeemaschine ist in streng mathematischem Sinne natürlich etwas weit hergeholt. Tatsächlich gibt es aber unzählige Beispiele, in denen Funktionen ihre Anwendung finden.

Als leichtes Einstiegsbeispiel können wir die Kosten eines Handytarifs als Funktion darstellen. Gehen wir von einer monatlichen Grundgebühr in Höhe von 8 Euro aus. Jedes verbrauchte Gigabyte an Datenvolumen kostet zusätzlich 1,60 Euro. Wenn x die Anzahl an Gigabytes ist, die verbraucht wurden, könnte die Kostenfunktion (nennen wir sie k) in Abhängigkeit vom verbrauchten Datenvolumen wie folgt aussehen:

$$k(x) = 1{,}60\ € \cdot x + 8\ €$$

Möchtest du jetzt die Kosten für 2 Gigabyte verbrauchtes Datenvolumen ausrechnen, müsstest du lediglich 2 in die Kostenfunktion einsetzen.

$$k(2) = 1{,}6\ € \cdot 2 + 8\ € = 11{,}20\ €$$

Für 13 Gigabyte verbrauchtes Datenvolumen würden sich folglich Kosten in Höhe von 28,80 Euro ergeben:

$$k(13) = 1{,}6\ € \cdot 13 + 8\ € = 28{,}80\ €$$

Wir reden also von einer Menge »geordneter Paare«. Für jedes x gibt es ein entsprechendes y. Das ist nicht variabel. Und deshalb kann man mit einer einfachen Formel seine Telefonkosten berechnen, mit jedem Vertrag, auf jedem Kontinent.

Natürlich gibt es auch deutlich komplexere Funktionen, zum Beispiel in der Elektrotechnik. Neben sogenannten Sinusfunktionen gibt es einige weitere Funktionstypen, deren Anwendung und damit einhergehende Komplexität den Umfang und Schwierigkeitsgrad dieses Buchs sprengen würden.

In den folgenden Abschnitten möchte ich dir dennoch vier Funktionstypen vorstellen und anhand einiger gängiger Alltagsbeispiele veranschaulichen. Eventuell findest du dich in nächster Zeit selbst in einer ganz alltäglichen Situation wieder, in der du mithilfe einer Funktion eine mathematische Fragen selbst beantworten kannst.

4.1 SOLL ICH GERÄT A ODER GERÄT B LEASEN? LINEARE FUNKTIONEN

Heutzutage kann man fast alles leasen. Das bekannteste Beispiel für Leasing dürfte wohl das Autoleasing sein. Man kann aber auch Röntgengeräte, Notebooks, Gabelstapler, Flugzeuge, Kaffeeautomaten und sogar Nutztiere leasen – kein Witz. Dabei ist das Grundprinzip immer ähnlich. Der Leasinggeber übernimmt die Finanzierung bzw. die Anschaffungskosten des Leasingobjekts. Der Leasingnehmer kann dieses dann (uneingeschränkt) gegen eine monatliche Rate nutzen. Nach Vertragsende geht das Objekt zurück an den Leasinggeber.

In meinem Fall waren es zwei unterschiedliche Leasingangebote für ein vergleichbares Multifunktionsgerät, das wir im Büro brauchten. Du kennst diese klobigen Bürohelfer sicherlich. Drucken, kopieren, scannen und faxen in einem Gerät. Diese gibt es in unterschiedlichsten Größen und Preisen. Bei manchen High-End-Geräten sind die Anschaffungskosten mit einem Kleinwagen vergleichbar – ein Grund, warum viele Firmen lieber leasen und den Liquiditätsvorteil nutzen.

Wir hatten in der Vergangenheit ein paarmal das Pech, dass Geräte kurz nach Ablauf der Garantie defekt waren. Deshalb fiel bei uns die Entscheidung fürs Leasing, um das Risiko für hohe Wartungs- oder Reparaturkosten abzuwälzen. Unterm Strich kann man wohl sagen, dass man für Leasing im Schnitt mehr bezahlen wird. Dafür hat man aber eine bessere Kostenkontrolle. Das ist aber nur meine Meinung.

Ich wollte mich jetzt für eines der beiden Leasingangebote entscheiden. Sowohl beide Geräte als auch die Leasingverträge waren bis auf die Kostenstruktur sehr vergleichbar. Die Verträge hatten eine unterschiedliche Monatsrate. Außerdem war der Preis für jede gedruckte Seite unterschiedlich. Letztlich lief es also auf einen Kostenvergleich hinaus.

Leasingvertrag A	Leasingvertrag B
Monatliche Rate: 37 Euro 0,0065 Euro pro Kopie/Ausdruck	Monatliche Rate: 40,18 Euro 0,005 Euro pro Kopie/Ausdruck

Eigentlich ist bei den meisten Verträgen eine gewisse Zahl an Kopien inklusive, also bereits mit der monatlichen Rate abgegolten. Da uns das aber auf abschnittsweise definierte Funktionen führen würde, habe ich mich für zwei vereinfachte Leasingverträge in diesem Abschnitt entschieden, um es nicht unnötig kompliziert zu machen. Unabhängig davon ist das Schöne an Leasingverträgen, dass sich die Kosten im Regelfall als lineare Funktion darstellen lassen. Bevor wir am Ende ausrechnen, welches Leasingangebot das günstigere ist, möchte ich dir zuerst noch ein paar wichtige Punkte zu linearen Funktionen zeigen.

Mathe-Reminder

Jede Funktionsgleichung einer linearen Funktion hat die Form:

$y = m \cdot x + b$

Dabei ist m die Steigung und b der y-Achsenabschnitt.

Eine beispielhafte Geradengleichung könnte lauten:

$$y = 2x + 3 \text{ bzw. } f(x) = 2x + 3$$

In der Schule verwendet man in der Mittelstufe anfänglich noch y, später dann f(x).

Wenn du eine lineare Funktion in ein Koordinatensystem zeichnest, wird der Graph eine Gerade ergeben. Die Steigung gibt dabei an, wie steil die Gerade verläuft und ob sie steigt oder fällt – je nachdem, ob m positiv oder negativ ist. Der y-Achsenabschnitt gibt an, wo die Gerade die y-Achse des Koordinatensystems schneidet. In unserem Beispiel, $y = 2x + 3$ (siehe nachfolgende Abbildung), hat die lineare Funktion den y-Achsenabschnitt $b = 3$ und schneidet die y-Achse also an der Stelle 3. Außerdem hat die Gerade die positive Steigung $m = 2 = \frac{2}{1}$ und steigt somit. Zeichnerisch lässt sich die Steigung durch ein sogenanntes Steigungsdreieck darstellen, indem du (beispielsweise) vom y-Achsenabschnitt aus 1 nach rechts und 2 nach oben gehst.

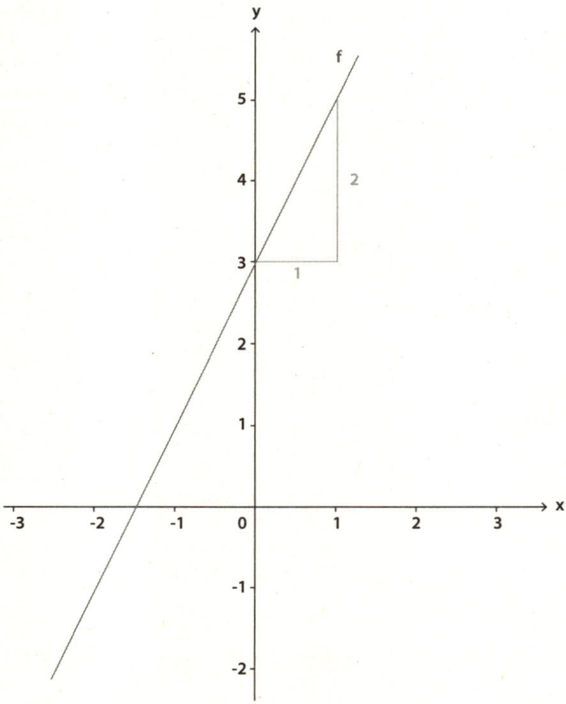

In der Einleitung von Kapitel 4 habe ich bereits beschrieben, dass du einer Funktion einen Wert übergeben kannst (x-Wert) und dafür einen Wert zurückbekommst (y-Wert). Schauen wir uns das für drei verschiedene x-Werte näher an und vergleichen die Ergebnisse mit dem Graphen der obigen Geraden.

Setzt man in die Geradengleichung für x die Beispielwerte $x = 1$, $x = 0$ und $x = -1{,}5$ ein, erhält man folgende Ergebnisse:

$$f(1) = 2 \cdot 1 + 3 = 5$$
$$f(0) = 2 \cdot 0 + 3 = 3$$
$$f(-1{,}5) = 2 \cdot (-1{,}5) + 3 = 0$$

Am Graphen können wir diese drei Ergebnisse nun überprüfen. An der Stelle $x = 1$ erhalten wir den Funktionswert $y = 5$. Wir wissen dadurch, dass die Gerade durch den Punkt $(1|5)$ verläuft. Das gleiche Vorgehen gilt auch für $x = 0$, dort haben wir $y = 3$ erhalten. Der Punkt $(0|3)$ liegt also ebenfalls auf dem Graphen. Das war übrigens der y-Achsenabschnitt. Für $x = -1{,}5$ haben wir $y = 0$ erhalten. Die Gerade verläuft daher durch den Punkt $(-1{,}5|0)$ und schneidet dort die x-Achse. Bei $x = -1{,}5$ hat unsere lineare Funktion also eine sogenannte Nullstelle.

Mathe-Reminder

Die Nullstelle einer Funktion ist die Stelle, an der ihr Graph die x-Achse schneidet.

Ich habe dir die drei Punkte an der Gerade f markiert und noch eine weitere Gerade g eingezeichnet – siehe folgende Abbildung auf der nächsten Seite.

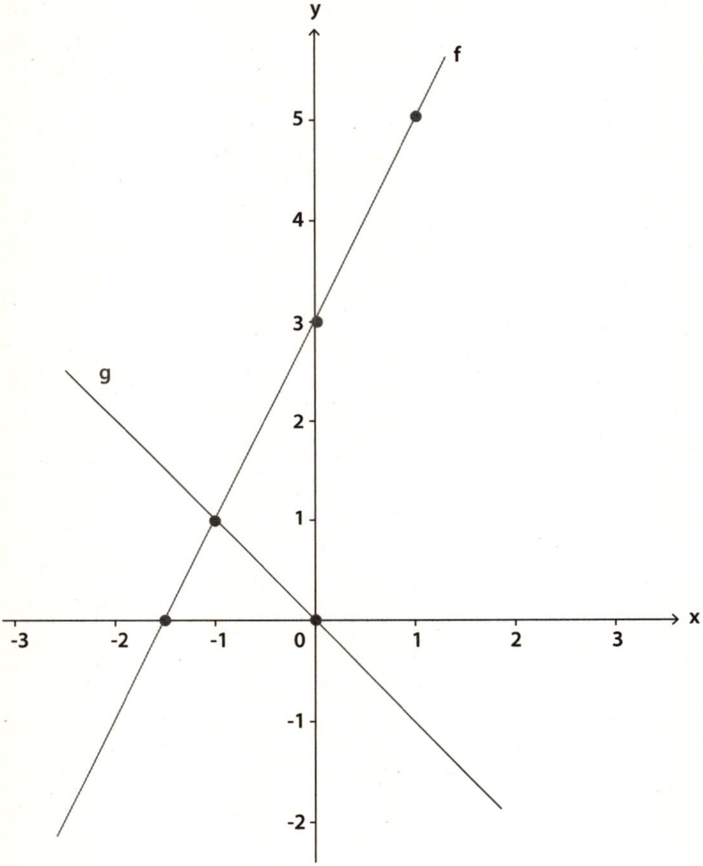

Die Gerade g hat die Gleichung g(x) = -x. Du könntest die Funktionsgleichung auch in g(x) = -1x + 0 umformen, um den charakteristischen Aufbau y = mx + b zu erhalten. Die Gerade g hat folglich die Steigung m = -1 und den y-Achsenabschnitt b = 0, schneidet also die y-Achse im Ursprung. Ich habe dir in der Abbildung bei der Geraden g sowohl den y-Achsenabschnitt markiert als auch den Schnittpunkt (-1|1), den wir jetzt noch abschließend berechnen wollen, bevor wir uns wieder den Leasingangeboten zuwenden.

Mathe-Reminder

Um die Schnittpunkte der Graphen zweier Funktionen f und g zu berechnen, setzt man beide Funktionen gleich und löst die entstandene Gleichung nach x auf.

In unserem Beispiel müssen wir also die Funktionsterme der Geraden g und f gleichsetzen und anschließend nach x umstellen. Der Funktionsterm ist vereinfacht ausgedrückt der rechte Teil der Funktionsgleichung.

Bei der Funktion $f(x) = 2x + 3$ ist »2x + 3« der Funktionsterm.

$g(x) = f(x)$

$-x = 2x + 3 \mid -2x$ (Wir ziehen auf beiden Seiten 2x ab.)

$-x - 2x = 2x + 3 - 2x$ (Jetzt können wir zusammenfassen.)

$-3x = 3 \mid :(-3)$ (Wir teilen beide Seiten durch -3.)

$x = -1$

Um jetzt den noch fehlenden y-Wert des Schnittpunkts zu berechnen, kann man $x = -1$ in f oder in g einsetzen. Beides ist erlaubt.

$f(-1) = 2 \cdot (-1) + 3 = 1$

Daraus ergibt sich der Schnittpunkt (-1|1).

Zwei Geraden müssen sich übrigens nicht zwangsläufig schneiden. Besitzen zwei Geraden die gleiche Steigung, aber einen unterschiedlichen y-Achsenabschnitt, verlaufen sie parallel.

Es ist so weit! Selbst wenn du die graphischen Hürden oben nicht ganz genommen haben solltest, schauen wir jetzt auf die anstehende Kostenfrage bei den beiden Leasingverträgen. Vielleicht wird es dann klarer.

Leasingvertrag A
Monatliche Rate: 37 Euro 0,0065 Euro pro Kopie/Ausdruck

Die Kostenfunktion für Leasingvertrag A könnte wie folgt lauten:

$$k_1(x) = 0{,}0065\ € \cdot x + 37\ €$$

Dabei entsprechen die 37 Euro der Grundgebühr und x beschreibt die Anzahl der gedruckten Blätter bzw. Kopien, die jeweils 0,0065 Euro kosten. Die Kostenfunktion k_1 gibt die monatlichen Gesamtkosten des Leasingvertrags in Euro an.

Werden in einem bestimmten Monat 1100 Seiten gedruckt, berechnen sich die Gesamtkosten wie folgt:

$$k_1(1100) = 0{,}0065\ € \cdot 1100 + 37\ € = 44{,}15\ €$$

Werden dagegen 4500 Seiten gedruckt, berechnen sich die Gesamtkosten wie folgt:

$$k_1(4500) = 0{,}0065\ € \cdot 4500 + 37\ € = 66{,}25\ €$$

Leasingvertrag B
Monatliche Rate: 40,18 Euro 0,005 Euro pro Kopie/Ausdruck

Die Kostenfunktion für Leasingvertrag B könnte wie folgt lauten:

$$k_2(x) = 0{,}005\ € \cdot x + 40{,}18\ €$$

Wie auch bei Leasingvertrag A beschreibt x die Anzahl der gedruckten Seiten. Die Funktion k_2 gibt dann die monatlichen Gesamtkosten an.

Berechnen wir zum besseren Kostenvergleich erneut die Gesamtkosten, wenn monatlich einmal 1100 Seiten und einmal 4500 Seiten gedruckt wurden.

$$k_2(1100) = 0{,}005\ € \cdot 1100 + 40{,}18\ € = 45{,}68\ €$$
$$k_2(4500) = 0{,}005\ € \cdot 4500 + 40{,}18\ € = 62{,}68\ €$$

Auffällig ist, dass bei 1100 Seiten Leasingangebot A im Beispielmonat etwas günstiger wäre und bei 4500 Seiten Leasingangebot B im Beispielmonat zu bevorzugen wäre. Die Erklärung hierfür liegt in der jeweiligen Grundgebühr. Angebot A hat niedrigere Grundkosten, dafür aber höhere Kosten für jede zusätzlich gedruckte Seite. Genau andersherum ist es bei Angebot B. Druckt man also eher weniger Seiten im Monat oder sogar 0 Seiten, ist Leasing A günstiger. Hat man tendenziell immer einen höheren Bedarf an Seiten, ist Leasing B aufgrund der niedrigeren Kosten pro Seite irgendwann günstiger.

Das wollte ich ausrechnen! Ab welcher Seitenzahl lohnt sich Leasingangebot B? Um das zu ermitteln, berechnet man den Schnittpunkt der beiden Kostenfunktionen. Dadurch erhält man die genaue Seitenzahl, für die beide Leasingangebote gleich teuer wären. Der Schnittpunkt lässt sich wie folgt berechnen:

$$k_1(x) = k_2(x)$$
$$0{,}0065\ € \cdot x + 37\ € = 0{,}005\ € \cdot x + 40{,}18\ € \mid -0{,}005\ € \cdot x$$
$$0{,}0015\ € \cdot x + 37\ € = 40{,}18\ € \mid -37\ €$$
$$0{,}0015€ \cdot x = 3{,}18\ € \mid : 0{,}0015\ €$$
$$x = 2120$$

Ich habe dir zu besseren Veranschaulichung in der nächsten Abbildung den grafischen Verlauf der beiden Kostenfunktionen dargestellt.

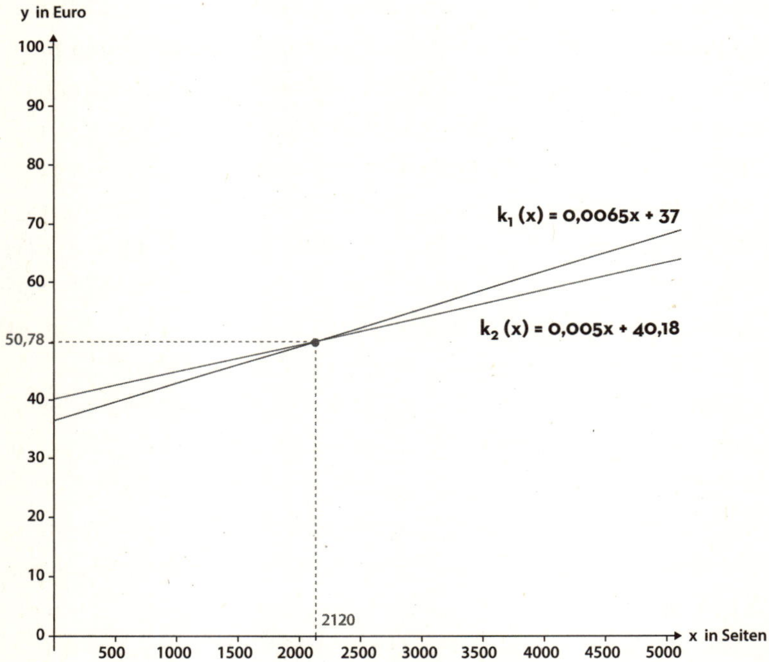

Wenn also in einem Monat 2120 Seiten gedruckt werden, würde man bei beiden Leasingverträgen dieselben Kosten haben. Druckt oder kopiert man durchschnittlich mehr Seiten pro Monat, wäre Leasing B dauerhaft günstiger. Werden im Schnitt weniger Seiten gedruckt oder kopiert, wäre Leasing A zu empfehlen.

Glücklicherweise konnte ich im Menü unseres alten Multifunktionsgeräts noch herauslesen, wie viele Seiten wir in der Vergangenheit pro Jahr gedruckt hatten. Das waren etwa 27.000 Seiten.

Das bedeutet durchschnittlich 2250 Seiten pro Monat. Und damit wäre Leasingangebot B das voraussichtlich günstigere von beiden gewesen.

Etwa zwei Jahre später haben wir mein Nachhilfeinstitut komplett auf Online-Unterricht umgestellt und entsprechend viele Prozesse digitalisiert. Seither drucken wir nur noch ein paar Seiten pro Monat aus. Das Multifunktionsgerät haben wir übrigens immer noch. Nach Ablauf der Leasingzeit konnten wir es günstig vom Leasinggeber erwerben. Gemessen an den aktuellen Anforderungen ist es zwar etwas überdimensioniert, leistet aber im Gegensatz zu seinen Vorgängern treue Dienste.

4.2 WIE LANGE DAUERT ES, EINEN RASEN ZU MÄHEN, WENN DIE ANZAHL DER PERSONEN STEIGT? GEBROCHEN RATIONALE FUNKTIONEN

Es ist mal wieder so weit! Ich darf (muss) den Rasen mähen – zumindest, wenn es nach meiner Frau geht. Wenn es nach mir ginge (tut es nicht), würde ich jedem Grashalm ein im wahrsten Sinne des Wortes langes Leben gönnen. Getreu dem Motto »Happy wife, happy life« habe ich am Ende die wohl monotonste Gartenarbeit der Welt über mich ergehen lassen. Während andere auf ihrer Bucketlist Dinge stehen haben wie Weltreise, Italienisch lernen oder Tauchschein machen, steht auf meiner Liste daher nun endgültig »Rasenmähroboter«. Und zwar auf Platz 1. Ich gehöre jedoch zu den Menschen, die in allem etwas Positives sehen. Während ich also den Rasenmäher in Serpentinen durch den Garten schob, konnte ich mir wenigstens ein paar Gedanken machen, wie sich die Mähzeit verkürzen würde, wenn ich für die ungeliebte Aufgabe ein paar fleißige Helfer hätte.

Relativ schnell ist man dann bei der sogenannten indirekten Proportionalität angekommen. Starten wir aber erst einmal mit der direkten Proportionalität. Die ist schnell erklärt.

Mathe-Reminder

Eine Zuordnung x → y (also wenn zwei Größen voneinander abhängig sind) heißt direkt proportional, wenn sich jeder y-Wert durch Multiplikation des x-Wertes mit derselben Zahl ergibt.

Vereinfacht ausgedrückt: Je mehr, desto mehr. Nehmen wir an, ein Liter Milch im Supermarkt kostet 1,35 Euro. Dann kosten zwei Liter Milch das Doppelte. Der Preis steigt also direkt proportional zur Anzahl der Milchtüten. Man kann die Preisentwicklung schön in einer Tabelle darstellen:

x (Anzahl Milchtüten)	1	2	4	6	8
y (Preis in Euro)	1,35	2,70	5,40	8,10	10,80

Als Folge der Multiplikationsregel oben im Mathe-Reminder gilt auch: Teilt man y durch x, kommt immer dieselbe Zahl heraus, hier der 1,35-Euro-Ausgangspreis für eine Milchtüte.

Überträgt man die Tabelle in ein Koordinatensystem, erhält man als Funktionsgraphen eine Ursprungs-Halbgerade (siehe folgende Abbildung) der Form $f(x) = m \cdot x$. Wenn du dich nicht mehr erinnerst, was eine »Ursprungs-Halbgerade« ist: Eine Ursprungs-Gerade geht durch den Nullpunkt (»Ursprung«), eine Ursprungs-Halbgerade ist eine Gerade mit nur einem unendlichen Ende. Das andere Ende steht fest, wie hier der Anfang am Nullpunkt – daher: Halbgerade.

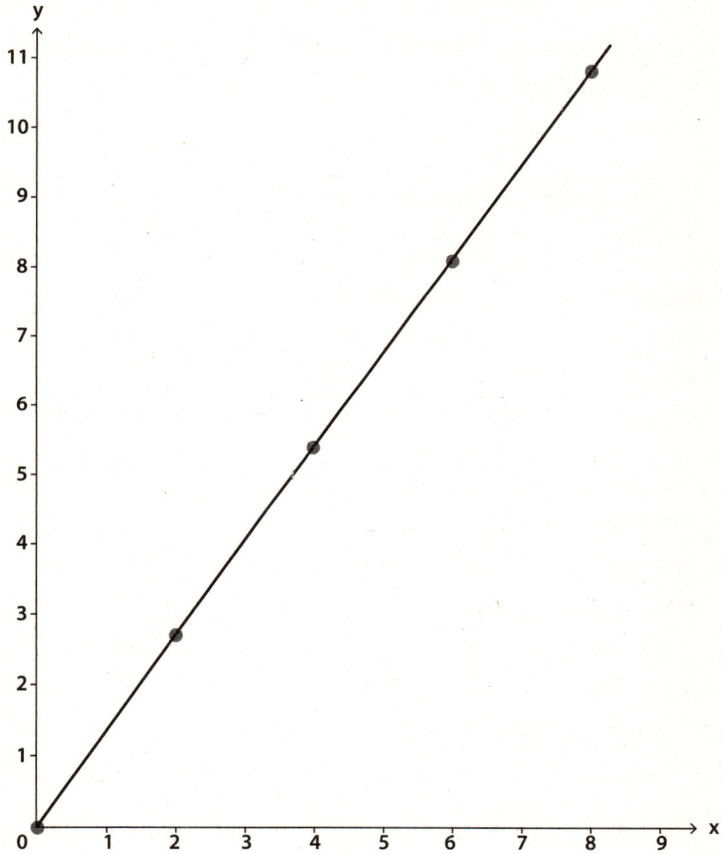

In unserem Beispiel lautet die Funktionsgleichung:

$$f(x) = 1{,}35\ € \cdot x$$

Möchtest du den Preis für 17 Milchtüten berechnen, müsstest du lediglich 17 in die Funktion einsetzen:

$$f(17) = 1{,}35\ € \cdot 17 = 22{,}95\ €$$

Das Prinzip kommt uns bereits bekannt vor, da wir bereits lineare Funktionen behandelt haben und die Preisentwicklung letztlich einem linearen Wachstum entspricht.

Kommen wir nun zur indirekten Proportionalität.

Mathe-Reminder

Eine Zuordnung x → y heißt indirekt proportional, wenn jeder x-Wert durch Multiplikation mit dem zugehörigen y-Wert immer dieselbe Zahl ergibt.

Vereinfacht ausgedrückt: Je mehr, desto weniger. Und damit kommen wir noch einmal zum Rasenmähen. Nehmen wir an, eine Person (zum Beispiel ich) braucht für eine bestimmte Rasenfläche 120 Minuten. Dann brauchen zwei Personen nicht doppelt so lange, sondern halb so lang, also 60 Minuten. Je mehr Personen, desto kürzer die benötigte Zeit. Wir ignorieren an dieser Stelle den Fakt, dass zu viele Personen sich irgendwann auf den Füßen stehen würden. Multipliziert man, wie im Mathe-Reminder beschrieben, x und y, erhält man stets 120.

$$1 \cdot 120 = 2 \cdot 60 = 120$$

Man kann die Entwicklung der Dauer erneut in einer Tabelle darstellen:

x (Anzahl Personen)	1	2	3	4	6	12
y (Dauer in Minuten)	120	60	40	30	20	10

Überträgt man die Tabelle wieder in ein Koordinatensystem, erhält man als Funktionsgraphen einen sogenannten Hyperbelast – siehe folgende Abbildung.

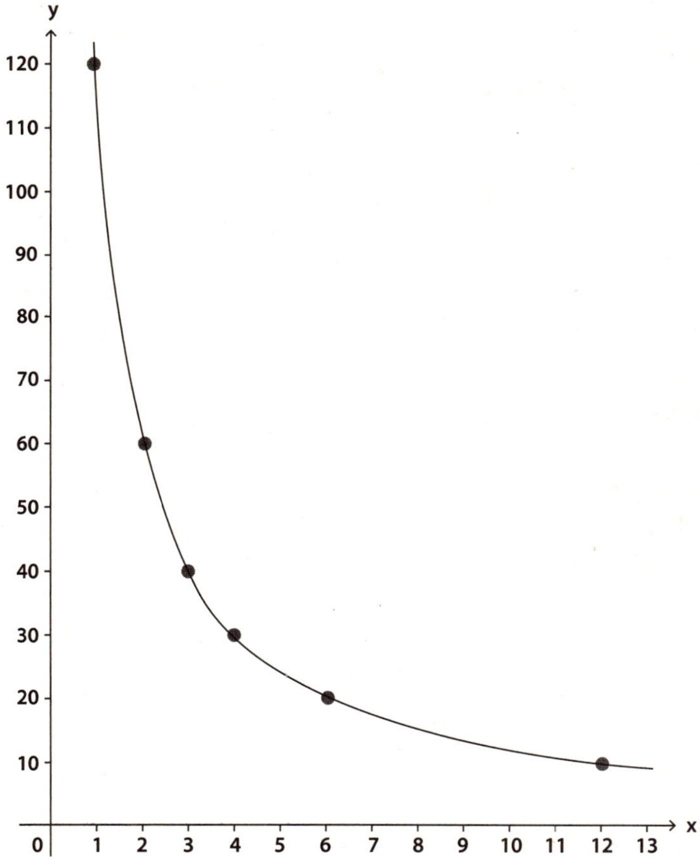

Die zugehörige Funktionsgleichung lautet dann $f(x) = \frac{120\text{min}}{x}$ und ist eine »gebrochen rationale Funktion«. Genau diese Funktion ermöglicht es uns, direkt auszurechnen, wie lange eine bestimmte Anzahl an Personen für die Rasenfläche braucht. Und das ist der große Vorteil der Funktion. Man muss sich nicht jedes Mal aufs Neue überlegen, wie lange eine bestimmte Zahl an Arbeitern braucht. Man macht sich stattdessen lieber nur einmal die Mühe, den Funktionsterm zu ermitteln. Ab dann kann man für jede beliebige

Anzahl an Personen direkt ausrechnen, wie lange diese bräuchten. Möchtest du also spontan wissen, wie lange zehn Personen bräuchten, musst du lediglich »10« in die Funktion einsetzen. Diese »spuckt« dir dann sofort die benötigte Zeit aus.

$$f(10) = \frac{120\ \text{min}}{10} = 12\ \text{min}$$

Und ja, das waren tatsächlich meine Gedanken, als ich dem Rasen einen neuen Haarschnitt verpasst habe. Mein Beispiel ist aber unter anderem auch auf die Spargelernte übertragbar. Ein Bauer könnte sich mittels einer ähnlichen Formel überlegen, wie viele Erntehelfer er engagieren muss, um in einer bestimmten Zeit den gesamten Spargel zu ernten. Oder: Wie schnell ist der Launch einer neuen App realisierbar in Abhängigkeit von der Anzahl der Programmierer? Ich mache mir jetzt noch einmal Gedanken, wie ich meiner Frau einen Rasenmähroboter schmackhaft machen kann.

4.3 BREMSWEGBERECHNUNG – FAUSTFORMEL DER FAHRSCHULE VS. PHYSIK: QUADRATISCHE FUNKTIONEN

Wenn in der Abenddämmerung vor dir ein Reh auf die Straße springt, packst du wahrscheinlich nicht als Erstes den Taschenrechner aus und berechnest in aller Ruhe den Bremsweg. Ich gehe davon aus, dass du reflexartig in die Eisen steigst. Das ist auch gut so. Den Bremsweg kannst du schließlich hinterher immer noch berechnen. Andersherum funktioniert das weniger gut. Noch etwas besser wäre es sogar, wenn du die Faustformel für den Bremsweg im Kopf hast, um damit den Bremsweg bei aktueller Geschwindigkeit überschlagen zu können – sofern es die Situation zulässt. Dadurch bekommt man ein besseres Gefühl für die Länge des Bremsweges und entwickelt idealerweise eine vorausschauendere Fahrweise. Zumindest wäre jeder Fahrlehrer stolz auf dich. Aber mal ehrlich: Wer hat die Faustformel aus der Theorieprüfung Jahre später noch im Kopf?

Hier kommt für den Fall der Fälle eine kleine Auffrischung. Wir werden sogar sehen, dass uns diese Faustformel zu einer quadratischen Funktion führt, um die es in diesem Abschnitt ja geht. Falls du Physiker bist, musst du jetzt allerdings sehr stark sein. Die Faustformel geht gelinde gesagt sehr kulant mit den vorkommenden Einheiten um.

Mathe-Reminder

Faustformel Bremsweg (normale Bremsung)[19]:

$$\text{Bremsweg } s = \frac{\text{Geschwindigkeit (km/h)}}{10} \cdot \frac{\text{Geschwindigkeit (km/h)}}{10}$$

Da man in der Physik für die Geschwindigkeit üblicherweise den Buchstaben v verwendet, könnte man die Faustformel auch wie folgt darstellen:

$$s = \frac{v}{10} \cdot \frac{v}{10}$$

Bremsweg bei 50 km/h Geschwindigkeit:

$$s = \frac{50}{10} \cdot \frac{50}{10} = 5 \cdot 5 = 25$$

Bei einer Geschwindigkeit von 50 km/h beträgt der Bremsweg s bei einer normalen Bremsung also 25 Meter. (Das Ergebnis der Faustformel wird in Metern angegeben.)

Bremsweg bei 100 km/h Geschwindigkeit:

$$s = \frac{100}{10} \cdot \frac{100}{10} = 10 \cdot 10 = 100$$

Bei einer Geschwindigkeit von 100 km/h beträgt der Bremsweg s bei einer normalen Bremsung also 100 Meter. Der Bremsweg vervierfacht (!) sich also bei doppelter Geschwindigkeit.

Mathe-Reminder

Faustformel Bremsweg (Gefahrenbremsung):

$$s = \left(\frac{\text{Geschwindigkeit (km/h)}}{10} \cdot \frac{\text{Geschwindigkeit (km/h)}}{10}\right) : 2 = \left(\frac{v}{10} \cdot \frac{v}{10}\right) : 2$$

Der Bremsweg halbiert sich bei einer Vollbremsung im Gegensatz zu einer normalen Bremsung.

Bremsweg Gefahrenbremsung bei 50 km/h Geschwindigkeit:

$$s = \left(\frac{50}{10} \cdot \frac{50}{10}\right) : 2 = 12{,}5$$

Bei einer deutlich geringeren Geschwindigkeit von 50 km/h beträgt der Bremsweg s bei einer Gefahren- bzw. Vollbremsung also nur noch 12,5 Meter.

Spannend ist jetzt noch ein kurzer Ausflug in die Physik. Dadurch können wir sehen, wie nahe die Ergebnisse der oben genannten Faustformel an die tatsächlichen Ergebnisse herankommen. In der Physik kann man den Bremsweg einer Vollbremsung über die Formel $s = \frac{v^2}{2a}$ ermitteln.

Geschwindigkeit in km/h	30	50	60	100	120
Geschwindigkeit in m/s [1]	8,33	13,89	16,67	27,78	33,33
Bremsweg Faustformel: $s = \left(\frac{v}{10} \cdot \frac{v}{10}\right) : 2$	4,5 m	12,5 m	18 m	50 m	72 m
Bremsweg Physik [2]: $s = \frac{v^2}{2a}$	4,51 m	12,53 m	18,04 m	50,10 m	72,15 m

[1] Für die Umrechnung von km/h in m/s (Meter pro Sekunde) teilt man die Geschwindigkeit lediglich durch 3,6. Beispielsweise sind 36 km/h = 36 : 3,6 m/s = 10 m/s.

[2] $a \approx 7{,}7 \frac{m}{s^2}$ ist eine realistische Bremsverzögerung (Beschleunigung) eines PKWs bei einer Vollbremsung, v die Geschwindigkeit gemessen in Metern pro Sekunde und s der Bremsweg in Metern.

Anhand der Abbildung lässt sich leicht erkennen, dass die Faustformel aus der Fahrschule sehr ähnliche Ergebnisse wie die Formel aus der Physik erzielt. Die Faustformel ist also erstaunlich gut geeignet. Eventuell ist dir bereits aufgefallen, dass sich der Bremsweg immer vervierfacht, wenn sich die Geschwindigkeit verdoppelt. Das liegt daran, dass in beiden Formeln v^2 vorkommt. Man sieht es vielleicht nicht auf den ersten Blick, aber man könnte die Faustformel aus der Fahrschule sogar noch zusammenfassen und erhält dann eine quadratische Funktion.

Dazu brauchen wir nur ein wenig Bruchrechnung (siehe Abschnitt 2.3)

Mathe-Reminder

Zwei Brüche werden multipliziert, indem man Zähler mal Zähler und Nenner mal Nenner rechnet.
Zwei Brüche werden dividiert, indem man mit dem Kehrwert des zweiten Bruchs multipliziert.

$$s = \left(\frac{v}{10} \cdot \frac{v}{10}\right) : 2 = \left(\frac{v}{10} \cdot \frac{v}{10}\right) : \frac{2}{1} = \frac{v^2}{100} : \frac{2}{1} = \frac{v^2}{100} \cdot \frac{1}{2} = \frac{v^2}{200}$$

Da der Bremsweg von der Geschwindigkeit abhängt, könnte man die Formel auch wie folgt schreiben:

$$s(v) = \frac{v^2}{200}$$

Und solltest du dich an den Buchstaben s und v stören, weil du aus den vorigen Abschnitten f und x gewohnt bist, könntest du auch schreiben:

$$f(x) = \frac{x^2}{200}$$

x wäre dann wiederum die Geschwindigkeit (in km/h) und f würde die Länge des Bremsweges (in m) bei einer Vollbremsung angeben. Du könntest nun also auch mithilfe der quadratischen Funktion die Länge des Bremsweges ermitteln – siehe die nachfolgenden zwei Beispiele:

$$f(50) = \frac{50^2}{200} = 12{,}5$$

$$f(120) = \frac{120^2}{200} = 72$$

Wie auch bereits in den zurückliegenden Abschnitten können wir hier nun mithilfe einer Wertetabelle den Graphen der Funktion zeichnen.

x (Geschwindigkeit in km/h)	0	10	30	50	60	100	120
f (Länge des Bremsweges in m)	0	0,5	4,5	12,5	18	50	72

Der Funktionsgraph wird dabei eine sogenannte Parabel ergeben.

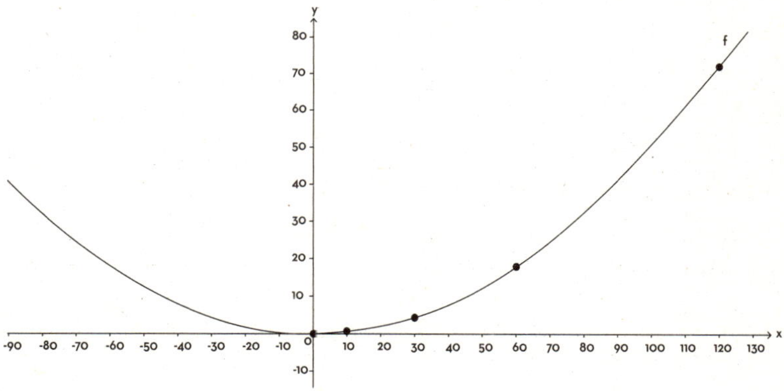

Obwohl wir für unser Beispiel nur positive x-Werte (Geschwindigkeiten) betrachtet haben, kann eine quadratische Funktion im Allgemeinen auch für negative x-Werte existieren. Ich habe dir deshalb im Graphen auch den Bereich links von der y-Achse dargestellt.

Man könnte bei quadratischen Funktionen noch weiter in die Tiefe gehen und beispielsweise Nullstellen, Schnittstellen oder den Scheitel berechnen. Ich möchte aus Platzgründen aber nicht weiter darauf eingehen.

Solltest du im Laufe deines Lebens noch einmal eine Theorieprüfung absolvieren müssen, zum Beispiel für einen Motorradführerschein, dann wäre es gut zu wissen, dass es neben dem Bremsweg auch noch einen Reaktionsweg gibt. Beides addiert ergibt den gesamten Anhalteweg.

Mathe-Reminder

Faustformel Reaktionsweg:

$$s = \frac{\text{Geschwindigkeit (km/h)}}{10} \cdot 3$$

Als Reaktionsweg bezeichnet man die Strecke, die du vom Erkennen der Gefahr bis zum Einleiten der Bremsung zurücklegst.

Im Schnitt braucht ein Mensch etwa eine Sekunde, um auf eine Gefahr zu reagieren. Interessanterweise kann der Reaktionsweg dadurch teilweise weiter sein als der Bremsweg.

Reaktionsweg bei 50 km/h Geschwindigkeit:

$$s = \frac{50}{10} \cdot 3 = 5 \cdot 3 = 15$$

Bei einer Geschwindigkeit von 50 km/h beträgt der Reaktionsweg also 15 Meter. (Das Ergebnis der Faustformel wird in Metern angegeben.)

Mathe-Reminder

Faustformel Anhalteweg:

Anhalteweg = Reaktionsweg + Bremsweg

Der Anhalteweg ist der gesamte Weg vom Erkennen der Gefahr bis zum Stillstand des Fahrzeugs.

In unserem Beispiel mit einer Geschwindigkeit von 50 km/h gilt:

Anhalteweg = Reaktionsweg + Bremsweg =
15 m + 12,5 m = 27,5 m

Unterm Strich kann man wohl festhalten, dass man mit genügend Abstand zum Vordermann definitiv sicherer unterwegs ist. Also, komm gut an!

4.4 WIE ENTWICKELT SICH DEIN KAPITAL BEI EINER FESTGELDANLAGE: DIE EXPONENTIALFUNKTION

Exponentialfunktionen spielen im Alltag eine größere Rolle, als man zunächst vermuten mag. Dazu kommen wir gleich. Letztlich lässt sich exponentielles Wachstum immer auch mittels einer Exponentialfunktion beschreiben.

Mathe-Reminder

Exponentielles Wachstum beschreibt Änderungsprozesse, bei denen sich ein Wert in gleichen (zeitlichen) Abständen stets um denselben Faktor ändert.

Sehr vereinfacht ausgedrückt könnte man auch sagen, wenn sich das Vermehrte wiederum vermehren kann, entsteht exponentielles Wachstum. Das konnten wir beispielsweise zu Beginn der Coronapandemie gut beobachten. Jeder Neuinfizierte konnte wiederum weitere Kontaktpersonen anstecken, was den rasanten Anstieg der

Fallzahlen gut erklärt. Auch bakterielles Wachstum kann exponentiell sein, da sich vermehrte Bakterien ebenfalls erneut vermehren können. Gleiches gilt für die Kapitalentwicklung mit einem festen Zinssatz – beispielsweise ein Festgeldkonto. Durch die Zinsen auf deinem Festgeldkonto vermehrt sich dein Geld. Diese Zinsen werden im Folgejahr ebenfalls wieder verzinst. Das führt zum sogenannten Zinseszinseffekt und damit zu exponentiellem Wachstum. Speziell für den Zinseszinseffekt würde ich gerne mit dir die zugehörige Exponentialfunktion aufstellen. Dadurch kannst du im Handumdrehen ausrechnen, wie sich dein Kapital über die Jahre entwickelt. Ohnehin erfreuen sich Festgeldanlagen in letzter Zeit wieder wachsender Beliebtheit. Lange Zeit waren die Zinsen für risikofreie Anlagen aufgrund der Niedrigzinspolitik für Anleger doch sehr unattraktiv. Ganz risikofrei ist übrigens auch ein Girokonto oder Festgeld nicht. Bei einer Pleite der Bank ist dein Guthaben aufgrund der Einlagensicherung nur bis 100.000 Euro geschützt. Das soll hier aber nicht das Thema sein. Lass uns mit einer einfachen Modellrechnung starten.

Angenommen, die MathemaniaBank bietet dir auf dein Festgeld jährlich 4 Prozent Zinsen über eine Dauer von fünf Jahren an. Du bist im Begriff, 10.000 Euro in diese Festgeldanlage zu investieren. Wie entwickelt sich dein Kapital in den nächsten fünf Jahren?

An dieser Stelle schadet es nicht, wenn du bei Bedarf noch einmal den Abschnitt 2.4 liest, Prozentrechnen.

Mit 4 Prozent Zinsen vermehrt sich dein Kapital mit einem Wachstumsfaktor von $1 + 4\,\% = 1 + 0{,}04 = 1{,}04$. Schauen wir uns nun die Kapitalentwicklung an.

Nach einem Jahr: $10.000\,€ \cdot 1{,}04 = 10.400\,€$
Ab jetzt kommt der Zinseszinseffekt ins Spiel, weil sich im Folgejahr auch deine Zinsen »vermehren«.

Nach zwei Jahren:
$10.000\ € \cdot 1{,}04 \cdot 1{,}04 = 10.000\ € \cdot 1{,}04^2 = 10.816\ €$
Nach drei Jahren:
$10.000\ € \cdot 1{,}04 \cdot 1{,}04 \cdot 1{,}04 = 10.000\ € \cdot 1{,}04^3 = 11.248{,}64\ €$
Nach vier Jahren:
$10.000\ € \cdot 1{,}04 \cdot 1{,}04 \cdot 1{,}04 \cdot 1{,}04 = 10.000\ € \cdot 1{,}04^4 = 11.698{,}59\ €$
Nach fünf Jahren:
$10.000\ € \cdot 1{,}04 \cdot 1{,}04 \cdot 1{,}04 \cdot 1{,}04 \cdot 1{,}04 = 10.000\ € \cdot 1{,}04^5 = 12.166{,}53\ €$

Nach fünf Jahren hat sich dein Kapital also von 10.000 Euro auf 12.166,53 Euro erhöht.

Wahrscheinlich hast du schon bemerkt, dass es etwas ermüdend wäre, müsste man diese Rechnung mit 30 Jahren Anlagedauer durchspielen. Du würdest dazu dreißigmal dein Anfangskapital mit 1,04 multiplizieren. Außerdem hättest du auch nur das Ergebnis für eine dreißigjährige Anlagedauer. Hättest du danach gerne dein Endkapital nach 45 oder 50 Jahren gewusst, müsstest du diese aufwendige Rechnung immer wieder durchführen. Viel smarter wäre es doch, aus der Kapitalentwicklung eine Formel zu »zaubern«.

In der Modellrechnung hast du eventuell bereits gesehen, dass ich die Wachstumsfaktoren mittels Potenzgesetzen zusammengefasst habe. Aus $10.000\ € \cdot 1{,}04 \cdot 1{,}04 \cdot 1{,}04 \cdot 1{,}04 \cdot 1{,}04$ wurde $10.000\ € \cdot 1{,}04^5$. Dein Kapital nach fünf Jahren errechnet sich also schneller, wenn du direkt $10.000\ € \cdot 1{,}04^5$ schreibst.

Möchtest du dein Endkapital nach 45 Jahren wissen, könntest du wie folgt rechnen:

$$10.000\ € \cdot 1{,}04^{45} = 58.411{,}76\ €$$

Die scheinbare Zauberformel ist aber eigentlich kein Hexenwerk und führt uns direkt zu den Exponentialfunktionen.

Aus der vorigen Modellrechnung ergibt sich folgende Exponentialfunktion für die zeitliche Entwicklung deines Kapitals auf Festgeld:

$$K(n) = 10.000\,€ \cdot 1{,}04^{n}$$

Dabei beschreibt n die Anlagedauer, also die Anzahl der Jahre, und K(n) dein Kapital nach n Jahren. Solltest du wie auch in den zurückliegenden Abschnitten f und x in deiner Funktion bevorzugen, würde die Exponentialfunktion wie folgt lauten:

$$f(x) = 10.000\,€ \cdot 1{,}04^{x}$$

Unabhängig davon, ob du deine Funktion lieber mit K oder f aufstellen möchtest, haben wir jetzt den großen Vorteil, nach jedem beliebigen Zeitraum das Kapital am Ende der Anlagedauer schnell ausrechnen zu können.

Dazu setzen wir einfach die entsprechende Anzahl an Jahren in die Funktion ein und erhalten nahezu automatisch das Kapital von der Funktion zurück.

Beispiel: Kapital nach 60 Jahren

$$K(60) = 10.000\,€ \cdot 1{,}04^{60} \approx 105.196{,}27\,€$$

Spätestens jetzt sieht man auch den Zinseszinseffekt, der von manchen sogar als achtes Weltwunder bezeichnet wird. In weniger als einem durchschnittlichen Menschenleben entwickeln sich 10.000 Euro zu einem stattlichen sechsstelligen Sümmchen. Damit du auch noch eine Vorstellung bekommst, wie der Graph einer Exponentialfunktion aussieht, habe ich dir in der nächsten Abbildung unsere

Kapitalfunktion graphisch dargestellt. Die Jahre sind dabei in 10er-Schritten auf der x-Achse (bzw. n-Achse) dargestellt. Das Kapital in Euro in 10.000er-Schritten auf der y-Achse (bzw. K-Achse).

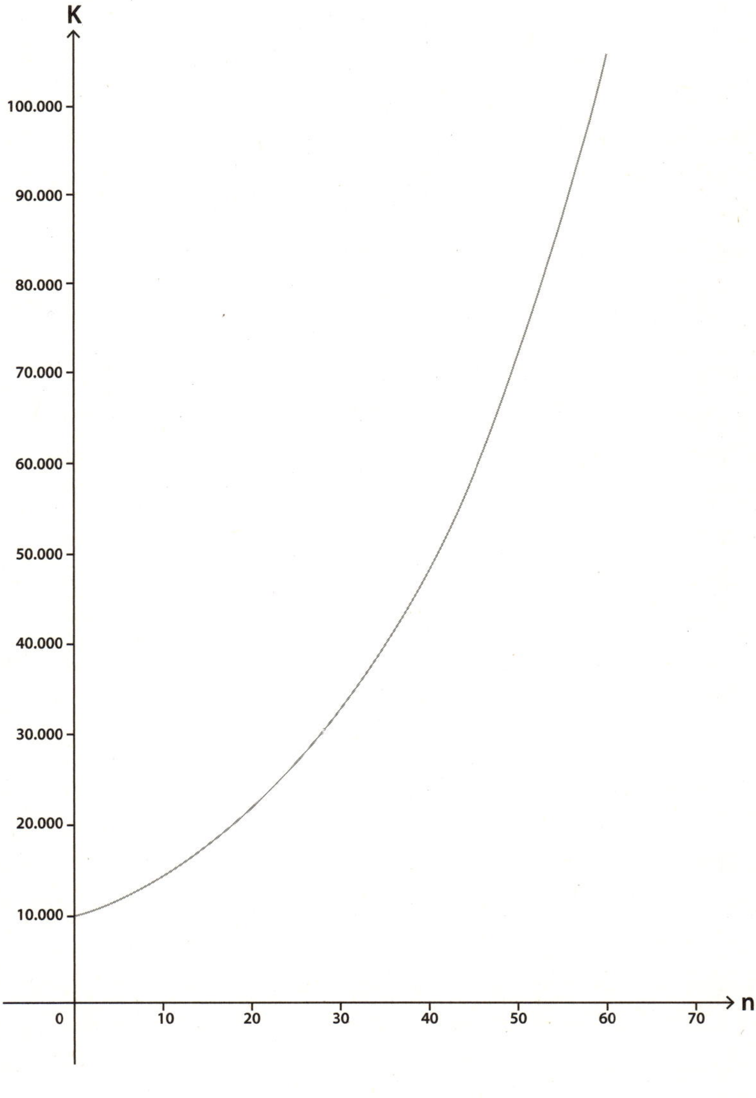

Man sieht an dieser Stelle sehr schön, dass der Graph der Exponentialkurve zunächst relativ flach beginnt und dann zunehmend steiler wird. Dadurch lässt sich auch noch einmal der Effekt der Zinseszinsen verdeutlichen.

Übrigens, hätte Pythagoras vor rund 2600 Jahren auch nur den Gegenwert eines einzigen Cent bei der MathemaniaBank angelegt, wäre sein Vermögen heute aufgrund von Zinseszinsen größer als der gesamte Bestand an Geld, der weltweit im Umlauf ist. Frühzeitig Geld anlegen lohnt sich also.

4.5 AUFGABEN ZUM ÜBEN UND INTENSIVIEREN

Aufgabe 17:

Du bist im Begriff, dir das langersehnte neue iPhone zuzulegen, und vergleichst hierfür die Handytarife von zwei verschiedenen Anbietern.

Der Tarif Pink2 hat eine Grundgebühr von 20 Euro. Jedes verbrauchte Gigabyte Datenvolumen kostet im Pink2-Tarif 2,20 Euro zusätzlich. Der Tarif SmallBlue hat eine Grundgebühr von 25 Euro, wobei in diesem Fall jedes verbrauchte Gigabyte Datenvolumen 1,70 Euro kostet. Telefonie und SMS sind in beiden Tarifen mit der Grundgebühr abgedeckt, sodass keine weiteren Kosten entstehen.

a) Stelle für beide Tarife eine passende Kostenfunktion auf.

b) Welcher Tarif wäre voraussichtlich vorteilhafter, wenn du monatlich im Schnitt einen Datenverbrauch von 8 Gigabyte hast?

c) Wie hoch müsste der Datenverbrauch sein, damit beide Tarife gleich teuer wären? Welche Bedeutung hat das Ergebnis für deine Tarifwahl?

Aufgabe 18:

Zwei Maler brauchen für ein Mehrfamilienhaus 24 Tage, um es komplett zu streichen.

a) Wie lange würde ein Maler und wie lange würden drei Maler für dasselbe Haus an Zeit benötigen?
b) Stelle eine mögliche Funktion f auf, mithilfe derer die Anzahl der für das Streichen benötigten Tage in Abhängigkeit von der Anzahl der Maler berechnet werden kann. Dabei ist x die Anzahl der Maler.
c) Berechne mithilfe deiner Funktion f aus Aufgabe b), wie lange vier, sechs und zwölf Maler für dasselbe Haus an Tagen brauchen würden.

Aufgabe 19:

Ein Blatt Papier ist etwa 0,1 Millimeter dick. Wenn man es einmal faltet, liegen 2 Lagen Papier übereinander, die eine Dicke von 0,2 Millimetern haben. Faltet man erneut, erhält man 4 Lagen mit einer Dicke von 0,4 Millimetern.

a) Stelle eine Exponentialfunktion h auf, die die Dicke der Lagen beschreibt. Dabei soll x die Anzahl der Faltungen sein und h(x) die Dicke des gefalteten Papiers in Millimetern angeben. Hinweis: Wir vernachlässigen dabei den Fakt, dass in der Praxis ein Papier nicht beliebig oft gefaltet werden kann (bei einem regulären Din-A4-Blatt ist nach sechsmal Falten Schluss, mit Hilfsmitteln vielleicht einmal zusätzlich).
b) Berechne mithilfe der Funktion h aus Aufgabe a) die Dicke des Papiers nach 42 Faltungen. Runde dein Ergebnis auf ganze Meter und nutze für dein Ergebnis die Zehnerpotenz-Schreibweise.
c) Der Mond hat eine mittlere Entfernung von 384.400 Kilometern zur Erde. Wandle dein Ergebnis aus Aufgabe b) in

Kilometer um und vergleiche die Dicke des gefalteten Papiers mit der mittleren Entfernung vom Mond zur Erde. Was stellst du fest?

5
FINANZIELLE ENTSCHEIDUNGEN LEICHTER TREFFEN – GANZ OHNE FINANZMATHE-FETISCH

Unbestritten ist, dass ein solides oder zumindest grundlegendes Wissen in Mathematik dir helfen kann, finanzielle Entscheidungen nicht nur leichter zu treffen, sondern auch zu deinem Vorteil zu nutzen.

Zinsen, Kredite, Skonto ... um nur ein paar wenige Stichwörter und Beispiele zu nennen. In diesem Kapitel erfährst du unter anderem, wie man den Wert eines Abiturs errechnen kann, warum manche Arbeitnehmerinnen und Arbeitnehmer schon für 1,34 Euro ihren Job riskieren, warum wir etwa 13 Milliarden Euro jährlich dem Staat schenken und wie rentabel eine Fotovoltaikanlage voraussichtlich ist.

Ich selbst habe Mathematik mit dem Schwerpunkt Versicherung und Banken studiert und dadurch wohl einen Finanzmathe-Fetisch entwickelt. Das dürfte wahrscheinlich auch der Grund dafür sein, warum dieses Kapitel im Buch etwas umfangreicher geworden ist. Aber keine Sorge. Die folgenden Abschnitte schaffst du auch ohne eine Leidenschaft für finanzielle Fragestellungen. Allerdings ist gerade die Finanzmathematik mit ihrer Zins- und Prozentrechnung eines der ganz wichtigen Anwendungsgebiete für Erwachsene. Ich möchte dir das Rüstzeug mitgeben, komplexe und realistische Fragestellungen mithilfe von Mathematik selbst zu modellieren – nicht nur für die im Kapitel enthaltenen Beispiele, sondern auch darüber hinaus. Dabei muss es nicht immer direkt um höhere Finanzmathematik gehen, wie wir gleich im nächsten Abschnitt sehen werden.

5.1 WIE VIEL IST EIN ABITUR IN DEUTSCHLAND WERT?

Während ich diese Zeilen verfasse, weiß ich selbst noch nicht, wie viel ein Abitur in Deutschland in Euro gemessen wert ist. Aber ich dachte mir, dass sich dieser Abschnitt hervorragend eignet, um dir zu zeigen, wie man eine solche Fragestellung in ein mathematisches Modell überführen kann. Man spricht deswegen auch von Modellierung. Ich möchte diesen Abschnitt auch etwas interaktiver gestalten, sodass du bei manchen Passagen die Möglichkeit bekommst, selbst erst einmal etwas zu recherchieren und deine Ergebnisse anschließend mit meinen zu vergleichen. Vereinfacht ausgedrückt soll dieser Abschnitt eine Schritt-für-Schritt-Anleitung für dich werden, um beim nächsten Mal eine für dich interessante (komplexe) Frage selbstständig beantworten zu können.

Starten wir. Ich würde dich zunächst bitten, dass du dir einen Moment Zeit nimmst und dir Gedanken machst, welche Informationen du überhaupt bräuchtest, um den finanziellen Wert eines Abiturs zu ermitteln. Und nicht schummeln – erst weiterlesen, wenn du dir Gedanken gemacht hast.

Ich habe mir vorab natürlich auch ein paar Gedanken gemacht. Der Wert des Abiturs ergibt sich in meinen Augen aus der Differenz zweier Lebenseinkommen. Einmal das durchschnittliche Lebenseinkommen von Personen mit Abitur als höchstem Bildungsabschluss (bzw. allgemeiner oder fachgebundener Hochschulreife) und einmal das durchschnittliche Lebenseinkommen von Personen ohne Abitur, also mit Berufsausbildung als höchstem Bildungsabschluss. Man könnte auch noch die Personengruppe ohne Berufsausbildung miteinbeziehen. Aus mehreren Gründen verwässert das in meinen Augen einen guten Vergleich. Dasselbe gilt meiner Meinung nach für Hochschule und Fachhochschule als höchsten Bildungsabschluss. Wir wollen wirklich den direkten Vergleich: Abi vs. kein Abi. Natürlich ist das am Ende etwas Ansichtssache. Wenn du Absolventen einer Hochschule miteinbeziehen möchtest, wird sich der finanzielle Wert eines Abiturs sehr wahrscheinlich aufgrund der noch höheren durchschnittlichen Lebensverdienste vergrößern.

Hier noch eine persönliche Sache. Da ich beruflich mit AKADEMUS (meiner Online-Nachhilfeschule) hauptsächlich mit Schülerinnen und Schülern zu tun habe, die wir bis zum Abitur begleiten, würde mich natürlich noch interessieren, welcher Stundenlohn im übertragenen Sinne am Ende für Oberstufenschüler entsteht. Aus Schülersicht fände ich es doch spannend zu wissen, ob sich der Aufwand für zwei zusätzliche Jahre Oberstufe überhaupt lohnt. Man könnte schließlich alternativ nach der Mittelstufe bzw. mit Mittlerer Reife eine Berufsausbildung starten. Wir sollten also noch herausfinden, wie viele Stunden ein Schüler in zwei Jahren Oberstufe inklusive Schule, Hausaufgaben und Lernzeit in Summe investiert. Dieser Stundenlohn lässt sich am Ende leichter vergleichen als ein durchschnittliches Lebenseinkommen.

Der erste Schritt unserer Modellierung ist hiermit abgeschlossen. Wir wissen, welche Informationen wir benötigen. Kommen wir zum zweiten Schritt: zur Informationsbeschaffung. Hier sind dir letztlich keine Grenzen gesetzt. Am naheliegendsten finde ich immer die Internetrecherche. Ein Smartphone hat man hierfür meistens schnell griffbereit. Ich würde mich aber primär an anerkannte Institutionen halten, beispielsweise an Informationsquellen des Statistischen Bundesamts. Versuche also als Nächstes herauszufinden, wie hoch die jeweiligen Lebenseinkommen mit und ohne Abitur sind. Danach darfst du weiterlesen.

Meine Recherche hat mich relativ schnell zu Statista geführt. »Statista ist eine deutsche Online-Plattform für Statistik, die Daten von Markt- und Meinungsforschungsinstitutionen sowie aus Wirtschaft und amtlicher Statistik zugänglich macht«, so Wikipedia.[20] Für unser kleines Modellierungsexperiment sollte das auf jeden Fall genügen. Dort wird das durchschnittliche Lebenseinkommen in Deutschland mit Abitur als höchstem Bildungsabschluss mit 1.561.000 Euro[21] (also rund 1,56 Millionen Euro) angegeben. Das durchschnittliche Lebenseinkommen ohne Abitur, aber mit einer abgeschlossenen Berufsausbildung wird zum Vergleich mit 1.325.000 Euro angegeben (also rund 1,33 Millionen Euro).

Fehlt noch die Anzahl an Stunden in der Oberstufe. Wie viele Stunden ein Schüler in der Oberstufe letztlich investiert, hängt natürlich vom individuellen Lernaufwand ab. Gehen wir von durchschnittlich 27 Zeitstunden pro Woche Schulunterricht aus. In zwei Jahren Oberstufe hat man abzüglich Ferienwochen und sonstigen schulfreien Tagen etwa 70 Wochen Schule. Nehmen wir noch etwa 10 Stunden wöchentlich für Hausaufgaben und zusätzliche Lernzeit an. Und weil wir von einem motivierten Schüler ausgehen, kalkulieren wir noch mit 100 Stunden Extralernzeit für die Abiturvorbereitung. Diese Zahlen sind, wie bereits geschrieben, Schätzungen und hängen sicherlich auch noch von weiteren Faktoren wie der jeweiligen Schulart (Gymnasium oder berufliches Gymnasium) und dem Bundesland ab. Ich bin bei meinen Zahlen von einem bayerischen Gymnasium ausgegangen und habe die Lernzeiten aufgrund persönlicher Erfahrungswerte im täglichen Umgang mit Schülern überschlagen.

Kommen wir nun abschließend zur Berechnung. Der gesamte Wert eines Abiturs in Deutschland ist schnell ermittelt. Dazu müssen wir nur die beiden eben genannten Lebenseinkommen voneinander abziehen:

Wert Abitur = Lebenseinkommen mit Abitur - Lebenseinkommen ohne Abitur = 1.561.000 € - 1.325.000 € = 236.000 €

Nach diesen Zahlen verdient ein Mensch in Deutschland im Laufe seines Lebens also durchschnittlich 236.000 € mehr, wenn er Abitur hat.

Welchem Stundenlohn entspricht das aber jetzt? Wenn wir die 70 Schulwochen in der Oberstufe mit 27 Stunden Unterricht multiplizieren, erhalten wir zunächst:

$70 \cdot 27\,h = 1890\,h$

Hinzu kommen in den 70 Wochen jeweils noch 10 Stunden Lernzeit:

$70 \cdot 10\,h = 700\,h$

Zuzüglich 100 Stunden Abiturvorbereitung ergeben sich in Summe 1890 h + 700 h + 100 h = 2690 h, die eine Schülerin oder ein Schüler in zwei Jahren Oberstufe investiert.

Der Stundenlohn für einen Abiturienten ist damit recht schnell berechnet. Wir teilen dazu den Mehrverdienst durch den Gesamtaufwand von zwei Jahren Oberstufe und erhalten:

236.000 € : 2690 h ≈ 87,73 €/h.

Dieser Stundenlohn dürfte sicherlich weit höher liegen als der Stundenlohn der allermeisten Deutschen. Ausgezahlt wird der Lohn nur nicht täglich oder monatlich, sondern im Laufe eines Lebens. Übrigens ergeben sich ähnlich hohe Stundenlöhne auch bei anderen »Sprüngen«. Der Unterschied im durchschnittlichen Lebenseinkommen von Menschen mit und ohne Berufsausbildung beträgt laut Statista 242.000 Euro. Der Sprung vom Abitur als höchstem Bildungsabschluss zu einem abgeschlossenen Studium an einer Fachhochschule beträgt sogar 441.000 Euro, und bei einem Hochschulabschluss legt das selbst gewählte Schicksal noch mal 318.000 Euro drauf.

Von einem gewissen Standpunkt aus ist der nächsthöhere Bildungsabschluss also die beste Investition in die Zukunft, die es gibt, zumindest durchschnittlich. Und genau das versuche ich auch immer meinen Teilnehmern in unserer Nachhilfe und in den Abiturkursen zu vermitteln. Ab jetzt habe ich sogar noch eine passende Rechnung dazu.

5.2 ERSPARNIS LEITUNGSWASSER VS. MINERALWASSER

Vorneweg: Es geht mir hier nicht darum, dir zu raten, ab jetzt nur noch Wasser aus der Leitung zu verkosten, auch wenn das in Deutschland gesundheitlich überhaupt kein Problem darstellt. Das hat auch die Stiftung Warentest in einem umfangreichen Leitungswasser-Test[22] bestätigt.

An dieser Stelle zitiere ich meinen Vater, der bei dem Wort »Leitungswasser« nur zu gerne kommentierte: »Das schmeckt wie eingeschlafene Füße.«

Vielmehr möchte ich dich dafür begeistern, dir künftig selbst ausrechnen zu können, wann sich Dinge (rein finanziell betrachtet) lohnen oder eben nicht.

Wir vernachlässigen jedenfalls Aspekte wie Qualität oder Geschmack. Lass uns lieber bei einer rein finanziellen Betrachtung bleiben. Das ist einfacher.

Da du jetzt fünf Kapitel Zeit hattest, in Mathe besser zu werden, machen wir die »Leitungswasser vs. Mineralwasser«-Frage etwas spannender und bringen noch einen Trinkwassersprudler ins Spiel, wie etwa SodaStream. Und wir Deutschen wundern uns, warum im Alltag immer mehr Anglizismen Einzug halten.

Ein paar notwendige Annahmen:

In Abschnitt 3.3 haben wir uns bereits ausgerechnet, dass ein erwachsener Mensch mit einem Körpergewicht von 80 Kilogramm ca. 1,5 Liter trinken sollte. Der Rest an benötigter Flüssigkeit wird im Regelfall über die Nahrung aufgenommen.

Das würde in einem Nicht-Schaltjahr 1,5 l · 365 = 547,5 l ergeben.

Leitungswasser kostet (je nach Region) ca. 0,00169 Euro pro Liter.

An dieser Stelle dürfen natürlich die obligatorischen Abwassergebühren nicht vergessen werden, die mit Kosten von 0,00236 Euro pro Liter zu Buche schlagen und bei Leitungswasserverbrauch nicht zu umgehen sind.[23]

Eine Kartusche eines Trinkwassersprudlers sprudelt etwa 60 Liter Wasser auf und kostet je nach Geschäft etwa 6 Euro, sofern du eine leere Kartusche eintauschst.

Die Preise für Mineralwasser unterliegen je nach Marke stärkeren Schwankungen. Man findet Angebote von 17 Cent pro Liter bis teilweise 4 Euro pro Liter bei exotischen oder Lifestyle-Marken. Allerdings bekommt man durchaus schon einen Kasten Wasser mit 12 Glasflaschen zu je 0,75 Liter für 3,60 Euro zuzüglich Pfand.

Nun zur Rechnung:

1) Kosten Trinkwassersprudler:
   Hierzu müssen wir letztlich die Trinkwassermenge mit den Kosten für Wasser und Abwasser multiplizieren und anschließend die Kosten für die benötigten Kartuschen des Sprudlers hinzuaddieren.
   Kosten Leitungswasser im Jahr:
   547,5 l · 0,00169 €/l + 547,5 l · 0,00236 €/l =
   547,5 l · (0,00169 €/l + 0,00236 €/l) ≈ 2,22 €
   Kosten Kartuschen im Jahr:
   547,5 l : 60 l/Kartusche ≈ 9 Kartuschen
   9 · 6 € = 54 €
   Gesamtkosten im Jahr:
   2,22 € + 54 € = 56,22 €

Mit Kosten von etwas mehr als 56 Euro jährlich für aufgesprudeltes Leitungswasser solltest du also rechnen. Wohingegen das reine Trinkwasser aus der Leitung inklusive Abwassergebühr lediglich bei etwa 2,22 Euro im Jahr liegt.

2) Kosten Mineralwasser aus Flaschen:
   Inhalt: 12 · 0,75 l = 9 l
   => 3,60 € : 9 l = 0,4 €/l = 40 ct/l
   Diesen Wert multiplizieren wir wieder mit der Trinkwassermenge, um die jährlichen Gesamtkosten zu erhalten:
   0,4 €/l · 547,5 l = 219 €
   Fazit zur Ersparnis:
   Nehmen wir nun noch die Differenz aus den ermittelten Werten, erhalten wir
   219 € - 56,22 € = 162,78 €

jährliche Preisersparnis für aufgesprudeltes Wasser vs. Mineralwasser im Kasten und
219 € - 2,22 € = 216,78 €
jährliche Preisersparnis für Leitungswasser vs. Mineralwasser im Kasten. An dieser Stelle könntest du noch die Kosten entsprechend der Anzahl der Familienmitglieder hochrechnen.

Da nun zumindest die Kostenfrage geklärt ist, fällt dir die »Wasser-Entscheidung« unter Berücksichtigung der Trinkwasserqualität, der Fahrtkosten zum Getränkemarkt sowie des Aufwands, die Kisten zu schleppen, hoffentlich etwas leichter.

5.3 WARUM DU NICHT FÜR 1,34 EURO DEINEN JOB RISKIEREN SOLLTEST

Dumpfe Schritte machten sich im Büroflur bemerkbar. Wenn man die Augen schloss, konnte man sogar fühlen, wie der Boden ganz leicht vibrierte. Das machte die Auswahl an möglichen Personen, die in wenigen Sekunden vor der Tür stehen konnten, sehr klein. Ganz klar: Der Chef nahte. Auffällig war nur, dass die Schritte deutlich schneller waren als sonst. Hm, hatte er es wie so oft eilig und musste seinen zweiwöchentlichen Friseurtermin schaffen, zu dem er sowieso immer zu spät kam? Nein, es war Montag, da hatte sein Friseurladen nie offen. Eventuell missfiel ihm auch einfach irgendetwas und seine Wut äußerte sich in schnelleren Schritten. Ich sollte auf jeden Fall mal aufstehen. Es würde sicherlich unprofessionell wirken, wenn ich hier so am Boden gekrümmt versuche, das Ladekabel meines Handys in die letzte ungenutzte Steckdose in meinem Bürozimmer zu friemeln. Wer kommt aber auch auf die blöde Idee, eine Bürowand davorzustellen?! Überhaupt waren die neuen Büromöbel mehr als gewöhnungsbedürftig.

Die Tür ging auf und ich lag immer noch halb am Boden. Gut, mein Chef hatte mich schon in schlimmeren Situationen erlebt. Da fiel mir spontan die letzte Weihnachtsfeier ein. Irgendjemand hatte Bowle nach Großmutters Rezept mitgebracht und verschwiegen, dass dieses Rezept die doppelte Menge an Sekt bedeutete. Macht er wohl öfters, hatte er damals kichernd gesagt ... Kein Wunder, dass ich mir die Bowle zu späterer Stunde noch einmal »durch den Kopf hab gehen lassen«. Und es war sicherlich auch keine Absicht, dass das meiste davon auf der Designerhandtasche der Frau meines Chefs landete. Seitdem findet sie mich wohl zum Kotzen, witzelt meine Kollegin ständig.

»Herr Klupak!«, hallte es durch mein Büro.

Ich richtete meinen Blick vorsichtig nach oben – fast wie ein Labradorwelpe, der am Ton schon erkennt, dass er etwas falsch gemacht hat, ohne zu wissen, was.

»Herr Klupak! Sie laden doch nicht etwa Ihr Handy in der Arbeit?!«, fragte er erregt.

»Das macht doch jeder. Und überhaupt wird sich das Ihre Firma leisten können«, erwiderte ich. Und war fast ein bisschen stolz.

»Das wird ein Nachspiel haben, Herr Klupak!«, drohte er und schlug die Tür so laut hinter sich zu, dass sämtliche Blätter auf meinem Schreibtisch in der Luft zirkulierten. Ich saß währenddessen immer noch in der hinteren Ecke meines Büros. Immerhin musste ich mich dadurch nicht mehr bücken, um die Blätter wieder aufzusammeln.

Trotzdem wollte ich das so nicht auf mir sitzen lassen. Also recherchierte ich ein wenig im Internet und hatte schnell ein paar Zahlen zusammen, um die Kosten zu berechnen, die der Firma entstehen, wenn ich mein Handy in der Arbeit lade.

Mein Handy verbraucht etwa 0,015 kWh Strom pro Ladevorgang – also einmal komplett laden. Es hängt natürlich etwas vom jeweiligen Smartphone ab, aber für die allermeisten Modelle sind 0,015 kWh ein guter Näherungswert.

Außerdem fand ich heraus, dass man mit etwa 40 Cent pro Kilowattstunde kalkulieren kann. Es scheint aber wohl auch spezielle Verträge für Betriebe zu geben, die günstigere Preise haben.

Jetzt musste ich nur noch die Anzahl der Arbeitstage herausfinden. Das Jahr hat in einem Nicht-Schaltjahr 365 Tage. Ich blätterte in meinem Knechtvertrag und las, dass mir jährlich immerhin sechs Wochen Urlaub zustehen – also 30 Urlaubstage. Auch wenn mir gerade eher nach einem zwölfmonatigen Sabbatical war. Je nach Bundesland gibt es etwa zehn bis elf Feiertage, die aber auch mal auf ein Wochenende fallen können. Also nahm ich lieber acht Feiertage an, an denen ich nicht die quietschgelben neuen Büromöbel ertragen musste. Zum Glück hat das Jahr auch noch 52 Wochenenden und damit 104 freie Tage.

Bei insgesamt 30 + 8 + 104 = 142 freien Tagen bleiben immerhin noch 223 Arbeitstage.

$$365 - 142 = 223$$

Zurück zur eigentlichen Rechnung:

Wenn man jeden Tag sein Smartphone in der Arbeit voll auflädt, ergeben sich bei 223 Arbeitstagen und 40 Cent pro Kilowattstunde (= 0,40 €/kWh) folgende Kosten:

$$0{,}015\ \text{kWh} \cdot 223 \cdot 0{,}40\ \text{€/kWh} \approx 1{,}34\ \text{€}$$

Ich war geradezu schockiert, als ich die Zahl schwarz auf weiß vor mir sah. Nur 1,34 € im Jahr!

Auf der anderen Seite hatte ich durch meine Recherche aber auch herausgefunden, dass knapp 40 Prozent der Tage im Jahr arbeitsfreie Tage sind. Hierzu musste ich nur den prozentualen Anteil ausrechnen. Ehrlicherweise hatte ich deutlich weniger geschätzt.

Mathe-Reminder

Prozentualer Anteil: Eselsbrücke »klein durch groß«

$$p = \frac{142}{365} \approx 0{,}39 = 39\,\%$$

Außerdem wurde ich in einem Blog zum Thema »Handy in der Arbeit laden« auf einen anderen Aspekt aufmerksam gemacht: den Brandschutz. Den hatte ich mal so gar nicht auf dem Schirm. Trotzdem sehe ich es nicht ein, mein Handy künftig zu Hause laden zu müssen, wenn ich es vor allem beruflich nutze.

Ich hatte anschließend alle Punkte auf einem Zettel zusammengetragen. Jetzt musste ich mich nur noch in die Höhle des Löwen wagen. »Ob sein Boden wohl auch etwas vibriert, wenn ich mich ankündige?«, fragte ich mich.

»Herein!«, hörte ich nach einem vorsichtigen Klopfen.

Ich trat ein und bat um ein Gespräch. Ich erklärte ihm, dass die Kosten im Jahr lediglich 1,34 € betragen, ich aber verstehen kann, wenn das aus Brandschutzgründen schwierig ist.

Manchmal hat mein Chef aber auch gute Ideen. Er schlug mir vor, ein Handy speziell für die Arbeit auf seine Kosten anzuschaffen. Das darf ich natürlich dann auch in der Arbeit laden. Gleichzeitig möchte er sich künftig an meinem privaten Handy und meinen Internetkosten für berufliche Belange beteiligen.

»Das geht – und ist quasi eine Nettolohnoptimierung«, meinte er. Anschließend bedankte er sich noch für das konstruktive Gespräch. Als ich gerade im Begriff war, seine Bürotür zu schließen, rief er mir noch im wahrsten Sinne des Wortes zwischen Tür und Angel eine Frage zu. »Wie gefallen Ihnen eigentlich die neuen Möbel im Büro? Hat meine Frau rausgesucht.«

Spontan kam mir wieder die Idee mit dem Sabbatical.

5.4 3225 EURO STUNDENLOHN BEQUEM VON ZU HAUSE AUS?

3225 Euro Stundenlohn – und das Ganze auch noch bequem von zu Hause aus? Klingt zu schön, um wahr zu sein, oder?

Aber von vorne. Wenn es eine Sache gibt, die wir Deutschen maximal lange vor uns herschieben können, dann ist es definitiv die Steuererklärung. Hier haben wir geradezu ein ganz neues Level der Prokrastination erreicht. Wusstest du, dass laut statistischem Bundesamt etwa 30 Prozent der rund 42 Millionen Steuerpflichtigen in Deutschland sogar überhaupt keine Steuererklärung abgeben?[24] Und das, obwohl die durchschnittliche Steuerrückerstattung in Deutschland bei 1095 Euro liegt?[25] Schätzungen gehen davon aus, dass wir dadurch dem Staat jährlich etwa 13 Milliarden Euro schenken. Hinzu kommt, dass man die Erklärung mit modernen Apps bzw. Softwarelösungen heutzutage recht schnell erledigen kann, zumindest als Arbeitnehmer.

Tatsächlich steckt hinter der Steuererklärung bei Privatpersonen, im Regelfall ist das ja nur die Lohnsteuerjahreserklärung, kein großes Hexenwerk. Such dir eine Checkliste im Internet und druck sie aus. Dann hast du bereits einen guten Überblick, was du alles steuerlich geltend machen kannst. Als Nächstes solltest du dir einen Ordner oder Schnellhefter zulegen und alle abzugsfähigen Belege eines Jahres nach Datum sortieren und einordnen. Hier steckt tatsächlich der größte Aufwand dahinter. Im letzten Schritt solltest du eine moderne Software oder eine App nutzen, um deine Steuererklärung zu erledigen. Manche Anbieter werben damit, dass die Steuererklärung mit ihrem Tool nach 20 Minuten (teilweise auch schneller) erledigt sei. Aus eigener Erfahrung kann ich sagen, dass das durchaus realistisch ist, sofern man alle Belege parat hat. Wenn man erst in diversen Schuhkartons und Papierstapeln suchen muss, dauert es natürlich länger.

Doch wie ergeben sich nun die 3225 Euro Stundenlohn, die ich so großspurig in den Raum gestellt habe? Ausgangspunkt für unsere Kalkulation sind zunächst die 1095 Euro, die der durchschnittlichen steuerlichen Rückerstattung bei Arbeitnehmern entsprechen. Da man keiner Statistik trauen soll, die man nicht selbst gefälscht hat, könnte man natürlich anzweifeln, dass die 30 Prozent der Steuerpflichtigen, die keine Steuererklärung abgeben, ebenfalls eine durchschnittliche Rückerstattung in Höhe von 1095 Euro erwarten können. Gehen wir der Einfachheit halber davon aus, dass dem so ist.

Auf jeden Fall sollten wir noch die Kosten für Steuersoftware oder Steuerapp abziehen. Die Kosten hierfür schwanken von Anbieter zu Anbieter, man findet jedoch einige Tools schon für etwa 20 Euro pro Steuerjahr.

Bleiben immerhin noch 1095 € - 20 € = 1075 € übrig. Für 20 Minuten Arbeit kein schlechter Gegenwert.

Um das Ganze noch besser mit einem Stundenlohn vergleichen zu können, multiplizieren wir diesen Wert noch mit 3 (3 mal 20 Minuten ergibt 1 Stunde) und erhalten

3 · 1075 € = 3225 €.

Diesen Stundenlohn solltest du dir künftig besser nicht mehr entgehen lassen.

Es kann sich also durchaus lohnen, nicht der Steuererklärungs-Prokrastination zu unterliegen. Die Rechnung ist natürlich mit einem kleinen Schmunzeln zu verstehen. Einen Stundenlohn von über 3000 Euro dauerhaft zu verdienen, wäre tatsächlich zu schön, um wahr zu sein. Aber für einmal 20 Minuten im Jahr dürfen wir dieses Gefühl in vollen Zügen genießen.

Übrigens: Bei freiwilliger Abgabe kannst du vier Jahre rückwirkend deine Steuererklärung abgeben. Als Studentin oder Student kannst du deine Steuererklärung sogar bis zu sieben Jahre rückwirkend abgeben.[26]

Dieser Abschnitt ist in meinen Augen ein weiteres schönes Beispiel dafür, was ich meinen Leserinnen und Lesern in diesem Buch vermitteln möchte. Jeder kann mit etwas Google-Recherche und einfacher Mathematik alltägliche Fragen verstehen und beantworten. Dabei kommen manchmal Ergebnisse heraus, mit denen man so erst einmal (Achtung: Wortspiel) nicht gerechnet hätte. In unserem Beispiel hast du gesehen, dass dein Stundenlohn für das Anfertigen einer Jahressteuererklärung eventuell sehr viel höher liegen könnte als dein Stundenlohn in der Arbeit. Welche Alltagssituationen fallen dir noch ein, wo es sich lohnen könnte, einmal dein mathematisches Verständnis zu bemühen? Ein Verständnis übrigens, das sicher vorhanden ist, sonst wärest du mir nicht bis zu dieser Stelle gefolgt.

5.5 ERSPARNIS, WENN MAN MIT DEM RAUCHEN AUFHÖRT

Gehörst du zu den etwa 24 Prozent der Menschen über 18 in Deutschland, die laut Bundesministerium für Gesundheit rauchen?[27] Falls ja, habe ich eine Rechnung, die dich motiviert, damit aufzuhören.

Als Erstes: Jede Kalkulation bzw. Modellierung eines mathematischen Problems beginnt mit einer Datenrecherche. Ignorieren wir im Folgenden die gesundheitlichen Aspekte (siehe hierzu Abschnitt 7.5) und konzentrieren uns rein auf die unmittelbare Ersparnis, wenn man mit dem Rauchen aufhört. Aktuell kostet ein Päckchen Zigaretten (je nach Marke und Inhalt) 8 Euro.[28] Dabei beträgt der Steueranteil rund 64 Prozent.[29] Zur Erinnerung, eine Schachtel Zigaretten hat im Jahr 2003 noch 3 Euro gekostet. Leider findet man keine einheitlichen Studien darüber, wie viele Zigaretten im Schnitt pro Tag konsumiert werden. Im Internet liest man von durchschnittlich 11 Zigaretten und mehr. Gehen wir auf Nummer sicher und kalkulieren lieber etwas vorsichtiger und nehmen 10 Zigaretten an – also eine halbe Schachtel. Du kannst diese Rechnung natürlich auch direkt, falls du rauchst, mit deinem eigenen Zigarettenkonsum durchführen.

Eine weitere Annahme, die wir noch treffen und in unsere Kalkulation einpflegen müssen, ist die durchschnittliche Lebenserwartung in Deutschland. Diese beträgt laut Statistischem Bundesamt 83,4 Jahre für neugeborene Mädchen und 78,6 Jahre für neugeborene Jungen.[30] Im Abschnitt 2.2 habe ich dir gezeigt, wie du den Durchschnitt bzw. Mittelwert berechnen kannst.

Mathe-Reminder

Den Mittelwert $\bar{x}$ (Alltagssprache: Durchschnitt) kannst du mit folgender Formel ausrechnen:

$$\bar{x} = \frac{a_1 + a_2 + ... a_n}{n}$$

Wobei a_1 bis a_n die Einzelwerte sind und n die Gesamtzahl der Einzelwerte ist.

Wir erhalten also als durchschnittliche Lebenserwartung

$$\bar{x} = \frac{83{,}4 \text{ Jahre} + 78{,}6 \text{ Jahre}}{2} = 81 \text{ Jahre}$$

für ein neugeborenes Kind. Wir vernachlässigen die kleine Ungenauigkeit, dass nicht jeweils exakt 50 Prozent Mädchen und Jungen geboren werden. Außerdem nehmen wir in unserer Rechnung den Hardcore-Raucher. Rauchen bis zur Urne. Wenn ich nun von einem 30-jährigen Raucher ausgehe, die Lebenserwartung nehmen wir der Einfachheit halber mal als Konstante, erhalten wir noch 51 Jahre (81 - 30 = 51), in denen zum Nikotinstängel gegriffen wird.

Die täglichen Kosten betragen bei einer halben Schachtel am Tag 4 Euro. Das ist hier noch recht leicht im Kopf auszurechnen. Doch wie berechnen sich die täglichen Kosten bei einem Konsum von beispielsweise 12 oder 16 Zigaretten am Tag? Hierzu machen wir uns die Infos über den prozentualen Anteil aus Abschnitt 2.4 zunutze.

Mathe-Reminder

Prozentualer Anteil (Eselsbrücke: klein/groß): $p = \frac{W}{G}$

Bei 10 Zigaretten wären das also 50 Prozent von 8 Euro. Der prozentuale Anteil wird dazu mit dem Preis der Zigarettenpackung multipliziert:

$$0{,}5 \cdot 8\,€ = 4\,€$$

Kosten 12 Zigaretten pro Tag: $\frac{12}{20} \cdot 8\,€ = 0{,}6 \cdot 8\,€ = 4{,}80\,€$

Kosten 16 Zigaretten pro Tag: $\frac{16}{20} \cdot 8\,€ = 0{,}8 \cdot 8\,€ = 6{,}40\,€$

Jetzt sollten wir alle Daten zusammengetragen haben, um eine erste Hochrechnung durchführen zu können. Dabei multiplizieren wir einfach die täglichen Kosten mit 365, um die jährlichen Kosten zu erhalten – Schaltjahre ignorieren wir. Dieser Wert wird dann noch mit 51 multipliziert, um die Kosten bis zum Alter von 81 Jahren zu ermitteln. Gesamtkosten bei einem Zigarettenkonsum von 10 Zigaretten täglich:

$$4\,€ \cdot 365 \cdot 51 = 74.460\,€$$

Ein stolzer Betrag! Noch nicht eingerechnet sind Preiserhöhungen, auch inflationsbedingte. Solche Prognosen sind jedoch schwierig. Trotzdem zur Erinnerung: 1981 lag die Schachtel Zigaretten noch bei 3 Deutschen Mark, jetzt kostet sie mehr als fünf Mal so viel! Jedenfalls ist davon auszugehen, dass auch in Zukunft die Preise für Zigaretten weiter steigen werden.

Was man definitiv in die Rechnung einbringen sollte, ist, dass man das ersparte Geld auch anlegen könnte. Gerade über einen solch langen Anlagehorizont sind Renditen von etwa 5 Prozent durchaus realistisch. Und zwar bereits unter Berücksichtigung der Inflation, also Nettorenditen. Außerdem wirkt sich der Zinseszinseffekt bei einem langen Anlagehorizont sehr stark aus.

Die folgenden Zeilen sollen keine Anlageberatung sein, sie sind aber nicht uninteressant: Nehmen wir an, du hast mit dem Rauchen aufgehört und möchtest dein Erspartes in einem global diversifizierten ETF anlegen. Ein ETF (Exchange-Traded Fund) ist ein börsengehandelter Indexfonds, der die Wertentwicklung eines Index (zum Beispiel des DAX) abbildet. Du kannst dir einen ETF vereinfacht als Sammlung von vielen Wertpapieren vorstellen. Teilweise sind in einem global diversifizierten ETF Tausende Wertpapiertitel enthalten. Der Aktienindex MSCI World beispielsweise bündelt die nach Börsenwert größten Unternehmen und Industriestaaten. Anleger, die mit einem ETF auf diesen Index gesetzt haben, konnten seit 1975 eine durchschnittliche jährliche Rendite von etwa 9 Prozent erzielen. Rechnet man die Inflation dagegen, ist es in meinen Augen durchaus vertretbar, mit einer durchschnittlichen Nettorendite von 5 Prozent zu kalkulieren.[31] Vorausgesetzt, man plant über einen langen Anlagehorizont. In unserem Beispiel von 51 Jahren sehe ich das aber durchaus als gegeben.

Wie errechnet sich nun aber die Ersparnis unter Berücksichtigung einer Geldanlage? Bleiben wir bei unserem Beispiel eines 30-jährigen Rauchers, der eine halbe Schachtel am Tag konsumiert und theoretisch noch 51 Jahre bis zum Alter von 81 Jahren hat. Wenn wir also ein Jahr lang nicht rauchen und täglich 4 Euro in eine Spardose geben, können wir nach einem Jahr 1460 Euro anlegen. Die Anlagedauer würde dann noch 50 Jahre betragen (51 - 1 = 50). Man könnte natürlich das Ersparte auch monatlich anlegen. Allerdings wird es dann finanzmathematisch deutlich aufwendiger. Als Nächstes brauchen wir die Exponentialfunktion aus Abschnitt 4.4.

Mathe-Reminder

Die Exponentialfunktionen: $K(n) = K_0 \cdot (1 + \text{Rendite})^n$

Dabei ist K_0 das Anfangskapital und n die Anlagedauer.

Für unser Beispiel ergibt sich bei einer Rendite von 5 Prozent:

$$K(50) = 1460\,€ \cdot (1 + 0{,}05)^{50} = 1460\,€ \cdot 1{,}05^{50} \approx 16.742{,}40\,€$$

Das wäre jetzt aber nur die Kapitalentwicklung für das Ersparte im ersten Jahr. Auch im zweiten Jahr könnte man genauso vorgehen und die Ersparnisse in Höhe von 1460 Euro für weitere 49 Jahre zu durchschnittlich 5 Prozent anlegen:

$$K(49) = 1460\,€ \cdot 1{,}05^{49} \approx 15.945{,}15\,€$$

Führt man diese Denkweise weiter fort, erhält man ...

im 3. Jahr: $K(48) = 1460\,€ \cdot 1{,}05^{48} \approx 15.185{,}85\,€$

im 4. Jahr: $K(47) = 1460\,€ \cdot 1{,}05^{47} \approx 14.462{,}72\,€$ und

im 5. Jahr: $K(46) = 1460\,€ \cdot 1{,}05^{46} \approx 13.774{,}02\,€$

Dieses Vorgehen müsste man jetzt für 50 Jahre durchführen. Auch wenn du jetzt dazu theoretisch in der Lage wärst, nehmen wir an dieser Stelle eine Abkürzung, verbunden mit einem kleinen Tipp. Für solche Kalkulationen bietet das Internet eine Vielzahl sogenannter Sparplanrechner. Einfach zu bedienende Sparplanrechner findet man auf den Internetseiten beispielsweise von finanztip.de oder extraetf.de. Hier kannst du bequem deine monatliche oder jährliche Sparrate, den Anlagehorizont und sogar eine geschätzte Rendite angeben. Auf Knopfdruck erhältst du dann dein Ergebnis. In unserem Fall erhält man bei einer jährlichen Sparrate in Höhe von 1460 Euro, einer Ansparzeit von 51 Jahren (auch wenn die Anlagedauer 50 Jahre beträgt, ist die gesamte Ansparzeit 51 Jahre) und einer Rendite von 5 Prozent ein Endkapital in Höhe von 310.822,28 Euro. Davon sind 74.460 Euro Einzahlungen (51 · 1460 €) und 236.362,28 Euro Wertzuwachs über den Zinseszinseffekt.

Wie bereits geschrieben, führen steigende Preise für Zigaretten am Ende sogar noch zu einem noch größeren Einsparpotenzial. Zusätzlich ist davon auszugehen, dass auf einen Raucher höhere Kosten zur Aufrechterhaltung seiner Gesundheit zukommen als für einen Nichtraucher. Für das Endkapital von über 300.000 Euro könnte man sich beispielsweise auch eine Eigentumswohnung leisten. Ich habe hier allerdings schon des Öfteren das Argument gehört, wo denn der Lamborghini und die Dachterrassenwohnung der Nichtraucher sind, wenn sie sich doch so viel Geld sparen. Ich bin tatsächlich der Meinung, dass die monatliche Sparrate bei Nichtrauchern durchschnittlich höher ist als bei Rauchern. Man sieht das Geld halt nur nicht als Außenstehender – trotzdem ist es verfügbar. Es wird aber auch einige Nichtraucher geben, die das Geld lieber an anderer Stelle verkonsumieren, zum Beispiel für teurere Urlaube, mehr Ausstattung im Auto, Spenden oder für die Bildung ihres Kindes. Nach meinem Empfinden wäre es damit immer noch sinnvoller investiert. Am Ende möchte ich hier niemanden gängeln. Es gilt, was ich anfänglich geschrieben habe. Vielleicht hat dich die Mathematik etwas motiviert, einen Weg zu finden, um rauchfrei zu werden.

5.6 WIE RENTABEL IST EINE FOTOVOLTAIKANLAGE?

Die Strompreise sind in den vergangenen Jahren deutlich gestiegen. Gleichzeitig sind die Hürden für die Installation einer Fotovoltaikanlage (PV-Anlage, weil Photovoltaikanlage nach alter Rechtschreibung) gesunken.[32] Im Januar 2023 sind alle Regelungen des Erneuerbare-Energien-Gesetzes (EEG) in Kraft getreten. Beispielsweise fällt auf die Lieferung und Installation von privaten PV-Anlagen keine Umsatzsteuer mehr an. Außerdem sind die Einnahmen steuerfrei und eine Gewerbeanmeldung ist auch nicht mehr notwendig.

Dementsprechend ist es lukrativer geworden, seinen eigenen Strom zu erzeugen. Grund genug, einmal zu prüfen, ob sich die Stromerzeugung auf dem eigenen Dach überhaupt lohnt und wie jeder das einmal für sich persönlich durchrechnen kann.

Bevor wir in das Thema so richtig eintauchen können, müssen wir noch ein paar technische Begriffe klären, die in diesem Abschnitt immer wieder verwendet werden.

Mathe-Reminder

Leistung: Watt (W) bzw. Kilowatt (kW)
Watt ist eine Leistungseinheit (keine Verbrauchseinheit).
1000 Watt ergeben 1 Kilowatt: 1000 W = 1 kW

Angenommen, du hast ein TV-Gerät mit stolzen 60 Zoll Bildschirmdiagonale im Wohnzimmer stehen. Dieser Fernseher benötigt im Betrieb etwa 100 Watt, die er aus dem Stromnetz oder eben aus deiner PV-Anlage zieht.

Mathe-Reminder

Verbrauch: Wattstunde (Wh) bzw. Kilowattstunde (kWh)
Die Kilowattstunde (kWh) ist eine gängige Einheit für den Verbrauch.
1000 Wattstunden ergeben 1 Kilowattstunde:
1000 Wh = 1 kWh

Wenn dein Fernseher mit 100 Watt also eine Stunde läuft, hast du 100 Wattstunden (100 Wh) verbraucht. »Bingewatcht« du an einem Samstag während eines Serienmarathons die ersten anderthalb Staffeln von Stranger Things, läuft dein TV-Gerät etwa 10 Stunden am Stück und verbraucht dabei 1000 Wattstunden oder 1 Kilowattstunde (kWh). Bei einem Strompreis von 40 ct/kWh (wir nehmen im Folgenden stets diesen Strompreis an), wären also Stromkosten in Höhe von 40 Cent angefallen.

Mathe-Reminder

Maximal mögliche Leistung:
Watt Peak (Wp) bzw. Kilowattpeak (kWp)

Diese Angabe ist eine wichtige Angabe für alle PV-Anlagen. Sie gibt die maximale Leistung an, die unter idealen Testbedingungen erwartet werden kann. Bist du im Begriff, dir eine PV-Anlage mit 7 kWp zuzulegen, beträgt die maximal mögliche Leistung (also unter idealen Bedingungen) 7 kW bzw. 7000 W. Damit könntest du dann 70 deiner TV-Geräte betreiben. In der Regel wirst du die 7 kWp aber nicht erreichen, da die Sonne selten perfekt steht.

Kommen wir abschließend noch kurz zum Wirkungsgrad. Dieser ist ebenfalls ein wichtiger Faktor für die Leistung deiner PV-Anlage. Der Wirkungsgrad gibt vereinfacht ausgedrückt an, wie viel Prozent der eintreffenden Sonnenenergie in Strom umgewandelt werden kann. Der Wirkungsgrad sollte je nach Modultyp zwischen 10 und 20 Prozent betragen.[33] Außerdem ist wichtig zu wissen, dass der Wirkungsgrad deiner PV-Anlage im Laufe der Jahre etwas abnimmt.

Nun haben wir alle Begrifflichkeiten geklärt, um mit dem Rechnen loszulegen. Starten wir zunächst mit der Kostenseite. Es gilt: Je mehr Leistung eine Anlage hat, desto geringer ist der Preis pro Kilowatt Peak[34] – siehe nachstehende Abbildung. Diese Werte stammen allerdings aus dem Jahr 2021. Eine 7-kWp-Anlage würde demnach 14.560 Euro und eine 10-kWp-Anlage 18.500 Euro kosten. Ich persönlich halte diese Preise aktuell nicht für realistisch. Meine kleine Umfrage im Bekanntenkreis hat ergeben, dass man seit 2023 eher mit 2400 bis 3000 Euro Kosten je kWp rechnen sollte.

Anlagenleistung in kWp*	<5	7	8	10	12	14	16	18	20
Bruttopreis 2021 pro kWp* (gerundet in €)	2250	2080	1960	1850	1700	1620	1540	1440	1510
Bruttopreis 2021 gesamt (gerundet in €)	9000	14.560	15.680	18.500	20.400	22.680	24.640	25.920	30.200

* steht für »Kilowatt Peak« und bezeichnet die Nennleistung der Anlage
Die Zahlen basieren auf der in der Quelle genannten Auswertung der Verbraucherzentrale NRW auf Datenbasis der EUPD research.

Plant man über die Anlage hinaus noch einen Speicher ein, kommen etwa 1000 Euro pro kWh Speicherkapazität hinzu. Allgemein gilt, dass eine PV-Anlage pro kWp umso günstiger wird, je großflächiger man die PV-Anlage baut. Als Faustformel, wie viel kWp auf dem Dach in etwa installierbar sind, kann man die Dachfläche durch 10 teilen.

Beispiel: 100 m^2 Dachfläche

$$\frac{\text{Dachfläche}}{10} = \frac{100}{10} = 10$$

Bei einer Dachfläche von 100 m^2 müsste also eine PV-Anlage mit 10 kWp Platz haben.

Schauen wir uns nun die Kosten für zwei verschiedene PV-Anlagen beispielhaft an. Familie Hilbert hat sich auf ihrem Dach eine 10-kWp-Anlage installieren lassen. Die Kosten hierfür betrugen inklusive aller Nebenkosten 24.400 Euro. Da Familie Hilbert überwiegend einspeisen, also nicht selbst verbrauchen, sondern abgeben möchte, wurde auf einen Speicher verzichtet.

Familie Gauß hat sich auf ihrem Dach in einer vergleichbaren Wohngegend ebenfalls eine 10-kWp-Anlage installieren lassen. Die Gaußens möchten in ihrem Neubau mittels Wärmepumpe heizen und besitzen ein Elektroauto. Deswegen haben sie sich dafür entschieden, zusätzlich einen 10-kWh-Speicher zu installieren. Für die PV-Anlage mussten sie 26.900 Euro zahlen – zuzüglich 9000 Euro für den Speicher. Insgesamt hat die Anlage also 35.900 Euro gekostet.

Die durchschnittliche Nutzungsdauer einer PV-Anlage wird üblicherweise mit 20 Jahren angegeben. Das entspricht bzw. entsprach auch der Abschreibungsdauer, als man noch Steuern auf die Einspeisevergütung zahlen musste. Wir wollen deshalb auch eine Nutzungsdauer von 20 Jahren annehmen und teilen die Gesamtkosten durch 20, um die jährlichen Kosten für eine PV-Anlage zu erhalten. Diese können wir nachher auch leichter mit den jährlichen Einnahmen vergleichen, um festzustellen, wie rentabel eine PV-Anlage ist.

	Familie Hilbert	Familie Gauß
Kosten pro kWp	2440 €	2690 €
Kosten für 10 kWp	24.400 €	26.900 €
Kosten für Speicher	/	9000 €
Jährliche Kosten	24.400 € : 20 = 1220 €	35.900 € : 20 = 1795 €

Kommen wir nun zur Einnahmenseite. Diese besteht zunächst aus dem Eigenverbrauch. Jede Kilowattstunde, die du über deine Anlage selbst erzeugt hast und auch selbst verbrauchst, musst du nicht über deinen Stromanbieter beziehen. Du sparst somit 40 Cent für jede selbst genutzte Kilowattstunde. Zusätzlich erhältst du noch eine Einspeisevergütung. Strom, den du selbst nicht verbrauchst, kannst du letztlich einspeisen und dadurch verkaufen. Die Einspeisevergütung für Anlagen, die ab Januar 2023 in Betrieb gegangen sind, beträgt 8,2 Cent pro kWh bis 10 kWp. Ab 10 kWp werden nur noch 7,1 Cent pro kWh vergütet. Bevor wir uns der Rentabilität der PV-Anlagen von Familie Hilbert und Gauß widmen, klären wir noch, wie hoch der durchschnittliche Stromertrag einer PV-Anlage in Deutschland ist. Dieser ist unter Normalbedingungen in Norddeutschland durchschnittlich geringer als in Süddeutschland und liegt ungefähr bei 800 bis 1200 kWh pro Jahr pro installiertem kWp.[35] Nehmen wir im Folgenden der Einfachheit halber durchschnittlich 1000 kWh pro kWp an. Da beide Familien eine 10-kWp-Anlage installiert haben, bedeutet das ein Jahreserzeugnis von 10.000 kWh.

Familie Hilbert hat einen Eigenverbrauch von 20 Prozent – der Rest (80 Prozent) wird eingespeist.

> 20 Prozent von 10.000 kWh (vgl. Abschnitt Prozentrechnen 2.4):
> $W = G \cdot p = 10.000\ kWh \cdot 0{,}20 = 2000\ kWh$
> 80 Prozent von 10.000 kWh ergeben entsprechend 8000 kWh.
> Die Hilberts verbrauchen also 2000 kWh selbst und speisen 8000 kWh ein.

Familie Gauß konnte ihren Eigenverbrauch deutlich nach oben schrauben. Sie laden ihr Elektroauto primär bei Sonnenschein, heizen elektrisch und können überschüssigen Strom zunächst in ihrem Speicher »parken«. Wir gehen daher von einem Eigenverbrauch von 70 Prozent aus. 100 Prozent Autarkie sind selbst unter diesen Bedingungen leider noch nicht zu erreichen, wegen begrenzter Speicherkapazitäten. Daher speist Familie Gauß 30 Prozent zwangsläufig ein.

7000 kWh (70 Prozent von 10.000 kWh) werden folglich selbst verbraucht und 3000 kWh (30 Prozent von 10.000 kWh) eingespeist.

	Familie Hilbert	Familie Gauß
Strompreis	40 ct = 0,40 €	40 ct = 0,40 €
Ersparnis pro Jahr (Eigenverbrauch)	2000 kWh · 0,4 €/kWh = 800 €	7000 kWh · 0,4 €/kWh = 2800 €
Einspeisevergütung (8,2 ct/kWh)	8000 kWh · 0,082 €/kWh = 656 €	3000 kWh · 0,082 €/kWh = 246 €
Jährlicher Gesamtertrag	800 € + 656 € = 1456 €	2800 € + 246 € = 3046 €

Man sieht also sofort, dass es sich lohnt, den Eigenverbrauch nach Möglichkeit zu maximieren. Stellen wir abschließend noch den Einnahmen die Ausgaben gegenüber und ermitteln den jährlichen Gewinn.

	Familie Hilbert	Familie Gauß
Kosten für 10 kWp	24.400 €	35.900 € (inklusive Speicher)
Jährliche Kosten (bei 20 Jahren Nutzung)	1220 €	1795 €
Jährlicher Gesamtertrag	1456 €	3046 €
Gewinn pro Jahr (Gesamtertrag abzgl. Kosten)	236 €	1251 €
Amortisationsdauer	ca. 17 Jahre	ca. 12 Jahre

Ob sich die PV-Anlage für Familie Hilbert oder Familie Gauß am Ende lohnt, ist schwer pauschal zu sagen. Ich lehne mich mal vorsichtig aus dem Fenster und behaupte, dass gerade im Fall von Familie Hilbert doch einige einen höheren Gewinn anfänglich vermutet hätten. Das liegt hauptsächlich an den (momentan) sehr hohen Kosten für eine PV-Anlage verglichen mit den Vorjahren. Außerdem war unsere Modellrechnung etwas vereinfacht. Am Ende kann sich schließlich eine Reihe weiterer Faktoren auf den Gewinn auswirken. Beispielsweise die Dachneigung, die Wetterbedingungen oder Strompreisänderungen in der Zukunft. Oder notwendige Reparaturen. Auch die Kosten für Versicherung, Wartung oder einen speziellen Stromzähler müssen mit in die Rechnung.

Auch wenn alle Angaben ohne Gewähr sind, kann man zwei Dinge sehr wahrscheinlich annehmen:

1. Der jährliche Gewinn steigt, wenn man es schafft, den Eigenverbrauch nach oben zu schrauben.
2. Vergleichen lohnt sich. Ich würde mir mindestens drei Angebote für eine PV-Anlage einholen und die Preise vergleichen. Ich selbst habe auch eine PV-Anlage auf dem Dach und war damals sehr erstaunt, wie unterschiedlich die Angebote ausfallen können.

Noch einmal ein anderer Blickwinkel. »Sich lohnen« kann für manche auch nicht monetäre Erwägungen miteinschließen. Mit einer Fotovoltaikanlage macht man sich ein Stück weit unabhängig von der Energiepolitik. Für viele (ich gehöre dazu) fühlt es sich außerdem gut an, elektrisch zu heizen, das Wasser aufzuwärmen und elektrisch zu tanken. Und das über das eigene Dach – also mit nur einer primären Energiequelle.

Am Ende kann jeder für sich selbst durchrechnen, ob sich eine Fotovoltaikanlage lohnt. Mir war es wichtig, dir in diesem Abschnitt das dafür notwendige Rüstzeug mitzugeben. Ich lade dich herzlich dazu ein, die Werte von Familie Hilbert und Familie Gauß durch deine konkreten Werte zu ersetzen und nachzurechnen. Die Verbraucherzentrale bietet darüber hinaus eine kostenlose Energieberatung an. Sonnige Grüße.

5.7 KANNST DU DIR EIN KIND LEISTEN?

Ich werde Vater. Das wusste ich aber an meinem diesjährigen Geburtstag noch nicht. Der 8. April startete eigentlich wie jeder gewöhnliche Samstag. Nur dass ich eben Geburtstag hatte. Ausschlafen und ausgiebig frühstücken mit allem, was das Herz begehrt. Außerdem schmückten noch zwei liebevoll eingepackte Geschenke den Frühstückstisch. Normalerweise mach ich um meinen Geburtstag kein besonderes Bohei. Er liegt meistens in den Osterferien, am Hochpunkt unserer Kurssaison. Mein Fokus liegt in diesen Tagen immer voll auf unseren Abiturvorbereitungskursen und meinen Schülern.

Ich köpfte mein 5-Minuten-Ei mit einem Messer und freute mich, dass das Innere wachsweich war. Etwas von Neugier gepackt, schielte ich danach auf das erste Geschenk.

»Na los, fang an, auszupacken«, kommentierte meine Frau Carina meinen Blick und schmunzelte ein wenig. Wir schenken uns normalerweise nur Kleinigkeiten, da wir der Meinung sind, schon alles zu haben. Das erste Geschenk bestand aus ein paar Packungen »Reese's«, meiner Lieblingssüßigkeit. Ich bedankte mich freudig, lächelte zurück und widmete mich dem zweiten Geschenk. Während ich versuchte, das Geschenkpapier behutsam zu lösen, hörte ich Carina sagen: »Ist nur 'ne Kleinigkeit.« Ich öffnete den Deckel und sah am Boden des Geschenkkartons ein Ultraschallbild liegen. Auf dem Bild war noch eine kleine Sprechblase zu lesen mit den Worten »Hallo, Papa«. Nachdem ich mir eine Freudenträne von der Wange wischen musste, meinte ich zu ihr, dass es »Kleinigkeit« ganz gut getroffen hat.

Ein paar Wochen später ging es um die Erstausstattung für ein Baby. Wickelkommode, Babybett, Kinderwagen, Kindersitz, Autositz usw., um nur ein paar Dinge zu nennen, die man für ein Neugeborenes im Regelfall braucht. Ich habe mich dann irgendwann gefragt, wie das Mathematiker so tun, wie viel man eigentlich verdienen muss, um sich ein Kind leisten zu können. In meinem Kopf hat sich dann relativ schnell eine erste Formel zusammengebraut.

Ø Monatsausgaben bisher + Ø Monatsausgaben Kind < monatliche Einnahmen

Die durchschnittlichen Ausgaben im Monat kann man relativ schnell herausfinden, wenn man seine Kontoauszüge der letzten 12 Monate nimmt, alle Ausgaben addiert und am Ende durch 12 teilt (siehe Mittelwertbestimmung – Abschnitt 2.2). Sofern du Online-Banking nutzt, wäre das ggf. sogar mit wenigen Klicks erledigt. Etwas genauer, wenngleich aufwendiger wird es, wenn du jede einzelne Ausgabe deiner Kontoauszüge prüfst. Eventuell gab es eine besondere Ausgabe, die so nicht mehr auftreten wird. Dann könntest du diese für deine durchschnittlichen Ausgaben ignorieren. Gleichzeitig können aber auch Kosten entstehen, die wir heute noch nicht vorhersehen können. Vielleicht ist der Mittelwert der letzten 12 Monate am Ende gar nicht so schlecht. Zur Not bildest du den Mittelwert der letzten 24 oder 36 Monate. Dann hast du sehr wahrscheinlich eine gute Abschätzung deiner monatlichen Ausgaben. Falls du Barausgaben hast, sollten die in den Kontoauszügen als Barabhebungen sichtbar sein, ebenso wie Kreditkartennutzung bei den Abbuchungen sichtbar sein sollte. Wenn du aber die Kreditkarte pro Monat für Ausgaben in Höhe von 1000 Euro nutzt und monatlich nur 20 Prozent abbezahlst, musst du das natürlich in einer Nebenrechnung berücksichtigen.

Ich will mich jetzt nicht mit meinen eigenen Finanzen vordrängeln und schiebe deshalb das Durchschnittsehepaar Müller vor. Nehmen wir der Einfachheit halber an, dass Herr und Frau Müller in Summe durchschnittlich 3000 Euro monatlich ausgeben. Aktuell ist Familie Müller noch kinderlos, sie wünschen sich jedoch zwei Kinder in naher Zukunft.

Die durchschnittlichen monatlichen Ausgaben für ein Kind sind natürlich ein Schätzwert. Laut dem Statistischen Bundesamt geben Eltern bis zum 18. Geburtstag eines Kindes durchschnittlich 148.000 Euro pro Kind aus. Rechnen wir uns diesen Betrag auf einen Monat herunter, indem wir zunächst durch 18 teilen, um die jährlichen Kosten zu erhalten, und anschließend durch 12 teilen, um die monatlichen Kosten zu erhalten:

$$(148.000\text{ €} : 18) : 12 \approx 685{,}20\text{ €}$$

Eltern geben also im Schnitt rund 685 Euro pro Kind monatlich aus. Hiermit hätten wir auch die Frage geklärt, ob das Kindergeld von derzeit 250 Euro ausreicht, um die Kosten für ein Kind zu decken. Nein, tut es nicht.

Bei zwei Kindern für Familie Müller wären die monatlichen Gesamtausgaben:

$$3000\text{ €} + 2 \cdot 685{,}20\text{ €} = 4370{,}40\text{ €}$$

Familie Müller hätte also ab dem zweiten Kind monatliche Ausgaben von rund 4370 Euro. Wenn man zusätzlich noch finanzielle Einbußen bedenkt, weil ein Elternteil in Teilzeit geht bzw. aufgrund der Kindererziehung gar nicht mehr arbeitet, ist das eine stolze Summe, zu der auch noch Rücklagen für Notzeiten und Sonderausgaben kommen, die man keinesfalls vernachlässigen darf. In unserem Beispiel sollten wir also eher von 4700 Euro ausgehen. Darüber hinaus sollte man noch wissen, dass die Ausgaben für ein Kind anfänglich geringer sind, dann aber steigen, je älter es wird.

Unser theoretischer Betrag soll dich am Ende aber nicht abschrecken oder verunsichern. Mir ist es zwar durchaus wichtig, dass man sich über die bevorstehenden Kosten Gedanken macht und auch prüft, ob man diese überhaupt stemmen kann. Gleichzeitig kann man in den meisten Fällen Entwarnung geben. Erstens ging es in unserer Kalkulation um Durchschnittswerte. Das heißt, dass es auch möglich sein muss, ein Kind großzuziehen, wenn die monatlichen Ausgaben für ein Kind geringer sind als im Durchschnitt. Außerdem ist man nicht auf sich allein gestellt und kann zahlreiche Entlastungen in Anspruch nehmen.

Hier hätte man von staatlicher Seite aus in erster Linie das Kindergeld, steuerliche Entlastungen sowie das Elterngeld. Ich empfehle dir auf jeden Fall, dich beraten zu lassen. Erstens ist meine Aufzählung nicht vollständig, zweitens kann es regionale Unterschiede geben. In Bayern gibt es zum Beispiel noch das Bayerische Kindergeld obendrauf. Entlastung gibt es auch seitens der Familie oder von Freunden. Gerade bei der Erstausstattung bekommt man viele Dinge geschenkt. Am Ende kann man sich auch immer einiges sparen, wenn man nicht alles neu kauft, sondern die bekannten Kleinanzeigen-Portale durchstöbert. Ich war überrascht, wie groß das Angebot hier ist. Klar, Kinder wachsen so schnell aus allem heraus, dass es nur sinnvoll und nachhaltig ist, gut erhaltene Dinge wiederzuverwerten. Und bei den zwei Kindern in unserem Beispiel: Das zweite Kind wird große Teile der Ausstattung des ersten Kinds übernehmen und auftragen, ob es will oder nicht. Das sind dann vielleicht nur Kleinigkeiten. Aber gerade die Kleinigkeiten können die größte und wundervollste Überraschung sein.

5.8 LOHNT ES SICH, DIE ÜBERNÄCHSTE TANKSTELLE ANZUFAHREN, UM 2 CENT PRO LITER ZU SPAREN?

»Wolltest du nicht tanken?«, tönt Sabine vom Beifahrersitz. »Schon, warum?«, erwidert Frank. »Na ja, du bist gerade an einer Tanke vorbeigefahren«, antwortet Sabine und ist immer noch sichtlich irritiert. »Ach so, ich nehme immer die Tanke in Großberg. Die ist meistens 2 Cent günstiger«, erwidert Frank ganz selbstbewusst.

Die nächsten Minuten herrscht eine nachdenkliche Stille im Auto. Sabine ist noch immer nicht ganz von Franks Plan überzeugt. Frank hingegen macht keine Anstalten, seinen Umweg zu überdenken. Etwa drei rote Ampeln und neun Minuten später erreichen beide die freie Tankstelle. Und tatsächlich, der Liter Super kostet hier 2 Cent weniger.

Während Frank in aller Seelenruhe den Durst seines Audi A3 löscht, vertreibt Sabine sich die Zeit mit ihrem Smartphone und googelt ein paar Zahlen. »Wie viel kostet ein Kilometer mit dem Auto«, gibt sie als Erstes in Safari ein. Schnell werden ihr ein paar Suchergebnisse angezeigt. Auf YouTube findet sie eine Hochrechnung, der zufolge die Fahrt mit einem durchschnittlichen Mittelklassewagen inklusive aller Kosten etwa 56,3 Cent pro Kilometer kostet. Das ist natürlich deutlich mehr als die reinen Benzinkosten, weil neben den Betriebskosten (Benzin, Öl, Autowäsche) auch Fixkosten (Versicherung, Steuer) und Werkstattkosten sowie der Wertverfall auf einen Kilometer heruntergerechnet einbezogen wurden. »Krass, 56,3 Cent!« Das hat sogar Sabine überrascht. Zur Sicherheit recherchiert sie noch ein paar andere Suchergebnisse. Auf der ADAC-Website wird sie ebenfalls fündig.[36] Dort wurden bei 1500 Modellen die tatsächlichen Kosten für fünf Jahre Laufzeit und 75.000 Kilometer berechnet. Nach einigem Scrollen findet Sabine einen Wert in Höhe von 59,4 Cent für einen Audi A3, wie Frank ihn hat. Auch hier wurden sämtliche Kosten wie Wertverfall, Versicherungen oder Wartung einbezogen. Sabine staunt erneut nicht schlecht. Die wenigsten Autos landen am Ende unter 50 Cent – meistens Kleinwagen. Die allermeisten Kfz liegen sogar deutlich darüber.

Frank schließt gerade den Tankdeckel und macht sich auf den Weg zur Kasse. Sabine prüft derweil mittels Google Maps die Entfernung der beiden Tankstellen. Während die erste Tankstelle direkt mit dem Nachhauseweg verbunden war, ergibt sich ein einfacher Umweg von 2,5 Kilometern für die freie Tankstelle. Für Hin- und Rückweg also 5 Kilometer. Damit ergeben sich also ungefähre Kosten von 60 ct/km · 5 km = 300 ct = 3 €. Sabine wundert sich, was Frank so lange treibt. Sie blickt über die rechte Schulter zur Kasse. Frank fuchtelt gerade mit einigen EC-Karten herum und läuft rot an. Wahrscheinlich hat er mal wieder seine PIN vergessen. Wäre schließlich nicht das erste Mal.

Da Sabine offensichtlich noch etwas Zeit bleibt, bis Frank seine PIN dreimal falsch eingibt und am Ende bar zahlt, jongliert sie noch ein paar Zahlen mit der Taschenrechner-App ihres iPhones. Wann lohnt sich denn jetzt der Umweg zur übernächstenTanke? Sie blickt kurz nachdenklich nach oben. »Klar, ich muss ja nur die 3 Euro durch die 2 Cent teilen«, denkt sie laut und klopft sich mit den Fingern an die Stirn.

3 € : 2 ct/l bzw. 300 ct : 2 ct/l = 150 l

Frank müsste also 150 Liter tanken, damit die Ersparnis von 2 Cent den Umweg halbwegs plausibel machen würde. Wobei der Vorgang dann lediglich kostengleich wäre und damit noch lange nicht sinnvoll. Mit dem Umweg geht schließlich auch ein Zeitverlust einher. Außerdem glaubt Sabine zu wissen, dass kein regulärer Wagen einen

150-Liter-Tank hat. Schon die Hälfte wäre viel. Eine Tankstelle wird zudem in den seltensten Fällen mit einem komplett leeren Tank angefahren. Sie blickt noch einmal über ihre rechte Schulter zur Zapfsäule. 37 Liter hat Frank getankt. Er hat also 37 · 2 ct = 74 ct gespart, aber rund 3 Euro ausgegeben. Ergibt einen Verlust von 2,26 Euro. Finanziell lohnen wird sich so ein Umweg also in den meisten Fällen nur, wenn die günstigere Tankstelle lediglich ein paar Hundert Meter entfernt liegt, es um mehr als nur 2 Cent pro Liter geht und man eine größere Menge tankt. So weit ist sich Sabine sicher.

Aus den Augenwinkeln sieht Sabine Frank zurückkommen, der offensichtlich peinlich berührt ist und so wirkt, als würde er möglichst schnell Land gewinnen wollen. »Was war los?«, fragt Sabine. »Wir müssen noch zur Bank«, antwortet Frank sehr kurz. »Wieso?«, will Sabine wissen. »Ich muss meine Karte entsperren lassen und Geld abheben«, erwidert er mit leicht angespannter Stimme. Sabine beschließt für den Moment, ihre gewonnenen Erkenntnisse nicht mit Frank zu teilen – den 4 Kilometer langen Umweg zur Bank durch den Regensburger Feierabendverkehr mit eingeschlossen.

5.9 WIE VIEL VERMÖGEN MUSST DU HABEN, UM VORZEITIG IN RENTE GEHEN ZU KÖNNEN?

Ich bin mir ganz sicher, dass sich fast jeder diese Frage schon einmal gestellt hat. Gerade, wenn es in der Arbeit vielleicht mal nicht so rundläuft. Leider ist diese Frage nicht ganz so schwarz-weiß zu beantworten, weil es auch ein paar Grautöne gibt. Vereinfacht ausgedrückt, brauchst du mindestens so viel passives Einkommen, dass es deine regelmäßigen durchschnittlichen Kosten deckt.

Als passives Einkommen bezeichnet man Einnahmen, die du fortlaufend bekommst, ohne dafür aktiv arbeiten zu müssen (oder wenn doch, dann nur sehr wenig). Darunter fallen unter anderem Mieteinnahmen aus Immobilien oder laufende Dividendengewinne aus Aktien hochklassiger globaler Unternehmen oder Erträge aus anderen Geldanlagen. Die daraus entstehenden Einnahmen erhält man in den meisten Fällen recht mühelos. Natürlich kann es dir auch passieren, dass eine Immobilie plötzlich viel Arbeit macht, weil sich ein Rechtsstreit mit einem Mieter anbahnt oder weil Reparaturen anfallen, um die man sich kümmern muss. Übrigens kann jemand sehr vermögend sein, ohne ein ausreichendes passives Einkommen zu haben. Beispielsweise Personen, die ein großes Eigenheim in begehrter Lage selbst bewohnen, sonst aber keine Vermögenswerte aufweisen. Auch der Besitz einer besonders wertvollen Kunstsammlung wirft erst einmal keine regelmäßigen Gewinne ab, um laufende Kosten decken zu können. Erst wenn man diese Vermögenswerte oder Teile davon veräußert, könnte man wieder ein passives Einkommen aus dem Erlös generieren.

Als Nächstes stellt sich die Frage, wie hoch denn nun das passive Einkommen sein müsste, um damit gut über die Runden zu kommen. Wie bereits beschrieben, sind deine (zukünftigen) regelmäßigen durchschnittlichen Kosten ein guter Anhaltspunkt dafür. In meinen Augen lohnt es sich immer, die Kontoauszüge der letzten ein bis zwei Jahre auszuwerten. Dort wirst du monatliche Ausgaben (Kategorie 1) finden, die mehr oder weniger konstant sind. Hierzu zählen dein Netflix-Abo, Fitnessstudiobeiträge, Leasingraten usw. Du wirst aber auch vierteljährliche, halbjährliche und jährliche Ausgaben (Kategorie 2) auf deinem Kontoauszug stehen haben, die du dann am besten durch 3, 6 oder 12 teilst, um wieder einen Monatswert zu erhalten. Hierzu zählen beispielsweise die GEZ-Gebühren, die Kfz-Steuer oder Versicherungen, die einen Jahresbeitrag oder auch einen Halbjahresbeitrag erheben. Nehmen wir an, du hast die Kontoauszüge der letzten beiden Jahre akribisch gelesen und hattest

Kosten in Kategorie 1 in Höhe von durchschnittlich 1913 Euro pro Monat. Die Ausgaben für Kategorie 2 lagen durchschnittlich bei 180 Euro monatlich.

Hinzu kommen Ausgaben, die in den vergangenen zwei Jahren eher einmalig bzw. unregelmäßig anfielen (Kategorie 3). Hierzu würde ich einen Smart-TV zählen, eine schöne Armbanduhr oder auch die eigene Hochzeit. Darüber hinaus kann es leider immer passieren, dass auch unvorhergesehene Kosten auftreten (Kategorie 4), wenn zum Beispiel deine Waschmaschine den Geist aufgibt oder Instandhaltungsmaßnahmen in deinem Haus durchgeführt werden müssen.

Der aufmerksame Leser wird festgestellt haben, dass es mindestens vier Kategorien an Ausgaben gibt. Um jetzt einen besseren Überblick zu bekommen, könntest du die monatlichen Kosten (Kategorie 1) untereinander in eine Excel-Liste schreiben und auflisten. Anschließend teilst du alle vierteljährlichen, halbjährlichen und jährlichen Kosten (Kategorie 2) durch 3, 6 oder 12, um sie in monatliche Ausgaben umzurechnen, und trägst diese ebenfalls in deine Excel-Liste ein. Für die unregelmäßigen Kosten in Kategorie 3 gibt es keinen Königsweg. Wenn du in den letzten beiden Jahren beispielsweise 5000 Euro an unregelmäßigen Ausgaben hattest, könntest du einen Puffer einbauen und mit 6000 Euro kalkulieren. Lieber immer etwas vorsichtig rechnen. Teilst du die 6000 Euro noch durch 24 (zwei Jahre entsprechen 24 Monaten), erhältst du 250 Euro monatlich und damit eine solide Annäherung, wie unregelmäßige Ausgaben deinen Geldbeutel durchschnittlich belastet haben. Diesen Wert schreibst du ebenfalls in deine Excel-Liste. Jetzt brauchst du auf jeden Fall noch eine gute Abschätzung für Ausgaben in Kategorie 4. Diese solltest du auf keinen Fall unterschätzen. Allein die Instandhaltungsmaßnahmen für ein Eigenheim sind oft deutlich teurer als geplant. Diese kann man zum Beispiel mithilfe der Petersschen Formel abschätzen.

Mathe-Reminder

Instandhaltungsrücklage nach der Petersschen Formel:

$$\text{Instandhaltungsrücklage pro Jahr} = \left(\frac{\text{Herstellungskosten}}{\text{Quadratmeter}} \cdot 1{,}5\right) : 80$$

Bei der Petersschen Formel geht man davon aus, dass innerhalb von 80 Jahren das 1,5-Fache der Herstellungskosten für die Instandhaltung anfällt. Kostet ein Haus mit 150 m^2 beispielsweise 524.800 Euro, ergibt sich folgende Instandhaltungsrücklage:

$$\text{Instandhaltungsrücklage pro Jahr und Quadratmeter} = \left(\frac{524.800\ \text{€}}{150\ m^2} \cdot 1{,}5\right) : 80 = 65{,}60\ \text{€}/m^2$$

Unser Hausbesitzer sollte nach dieser Methode 9840 Euro jährlich (65,60 € · 150) bzw. 820 Euro monatlich zurücklegen. Mit anderen Methoden können sich natürlich höhere oder niedrigere Werte ergeben.

Da Instandhaltungsmaßnahmen nicht die einzigen ungeplanten Kosten sind, würde ich noch einen ordentlichen Puffer einplanen. Bei 820 Euro monatlich allein für Instandhaltungsrücklagen würde ich mindestens 1000 Euro monatlich zurücklegen, um ruhig schlafen zu können. Ansonsten macht der frühzeitige Ruhestand keinen Spaß. Wir fügen also unserer Excel-Liste weitere 1000 Euro hinzu.

Als Letztes könnte man noch berücksichtigen, dass man im vorzeitigen Ruhestand seinen Lebensstandard vielleicht etwas nach oben schrauben möchte. Eventuell wird das Auto etwas größer und die Urlaube werden etwas länger. Planen wir hierfür gerne weitere 500 Euro ein, um auf Nummer sicher zu gehen. Natürlich darfst du den Wert nach deinen ganz individuellen Zukunftsvorstellungen anpassen und in die Excel-Liste schreiben. Jetzt müssen wir nur noch alle Werte in unserer Liste addieren, um festzustellen, wie hoch das passive Einkommen theoretisch sein müsste.

Wenn wir nach wie vor von einem 150-m^2-Eigenheim mit Herstellungskosten in Höhe von 524.800 Euro ausgehen, erhalten wir folgende Tabelle:

Kosten	
Kategorie 1 (laufende monatliche Kosten)	1913 Euro mtl. im Schnitt
Kategorie 2 (laufende unterjährige Kosten)	180 Euro mtl. im Schnitt
Kategorie 3 (unregelmäßige Kosten)	250 Euro mtl. im Schnitt
Kategorie 4 (unvorhersehbare Kosten, Instandhaltung)	1000 Euro mtl. im Schnitt
Puffer für die Zukunft	500 Euro mtl. im Schnitt
Durchschnittliche Kosten im Monat	3843 Euro

Das wäre der Betrag, der mindestens an passivem Einkommen im Schnitt monatlich generiert werden müsste, um vorzeitig seine Arbeit an den Nagel hängen zu können.

Zwei Hinweise hierzu noch: Einige Kosten (beispielsweise Schulgeld) können in der Zukunft auch wegfallen und andere wiederum hinzukommen. Bevor man seinem Chef die Kündigung über den Tisch schiebt oder sein Unternehmen verkauft, sollte man also hier möglichst viel Klarheit haben. Gegenrechnen könnte man noch etwaige Rentenansprüche, da diese noch zum passiven Einkommen zählen würden. Allerdings müsstest du (bei vorzeitigem Ruhestand) bis zum offiziellen Renteneintritt alle anfallenden Kosten auch ohne deine Rente stemmen können. Vernachlässigen wir daher der Einfachheit halber zukünftige Rentenansprüche.

Die restliche Kalkulation geht etwas schneller. Angenommen, du erzielst über Kursgewinne deiner ETFs (ETF steht wie gesagt für »Exchange-Traded Fund«) eine durchschnittliche inflationsbereinigte Rendite von 5 Prozent. Da du auf keinen Fall dein Kapital verzehren möchtest, sondern nur von der Rendite leben willst, schüttest du dir sicherheitshalber nur 3,5 Prozent deines ETF-Vermögens jährlich aus. Damit versuchst du, das Renditereihenfolgerisiko klein zu halten. Die Frage kurzum ist also, wie hoch dein investiertes Kapital mindestens sein muss, um bei einer jährlichen Entnahmerate von 3,5 Prozent deine durchschnittlichen monatlichen Ausgaben in Höhe von 3843 Euro decken zu können.

Dazu rechnen wir zunächst die monatlichen Ausgaben von 3843 Euro auf ein Jahr hoch:

$$3843\,€ \cdot 12 = 46.116\,€$$

Unser jährlicher Kapitalbedarf beträgt also 46.116 Euro. Dieser entspricht den 3,5 Prozent, die wir aus unserem investierten Vermögen entnehmen müssen. Wir rechnen im Folgenden mit dem Dreisatz unsere 46.116 Euro auf 100 Prozent hoch.

$$\begin{array}{lll} 46.116\,€ & \hat{=}\ 3{,}5\,\% & |\ :3{,}5 \\ 13.176\,€ & \hat{=}\ 1\,\% & |\ \cdot 100 \\ 1.317.600\,€ & \hat{=}\ 100\,\% & \end{array}$$

Wenn du an dieser Stelle noch die Probe machen möchtest, könntest du 1.317.600 Euro mit 3,5 Prozent bzw. 0,035 multiplizieren und würdest wieder 46.116 Euro erhalten:

$$1.317.600\,€ \cdot 0{,}035 = 46.116\,€$$

Fazit: Wir bräuchten also ein investiertes Vermögen in Höhe von 1.317.600 Euro, um bei einer jährlichen Entnahmerate von durchschnittlich 3,5 Prozent auf 46.116 Euro zu kommen.

An dieser Stelle möchte ich noch loswerden, dass die Anlage in ETFs nur exemplarisch gemeint war und keineswegs eine Anlageberatung darstellen soll. Wie bereits geschrieben kann passives Einkommen auch über Dividenden oder Mieteinnahmen generiert werden, um nur zwei Möglichkeiten zu nennen. Außerdem war dieser Abschnitt ein rein theoretisches Gedankenspiel. Viele Menschen gehen gerne in die Arbeit. Mir persönlich macht meine Arbeit sogar so viel Spaß, dass ich unabhängig vom passiven Einkommen immer weiterarbeiten würde. Wie sieht's bei dir aus?

5.10 AUFGABEN ZUM ÜBEN UND INTENSIVIEREN

Aufgabe 20:

Prüfe rechnerisch, ob folgende Aussage korrekt ist: Wenn man zehn Jahre in Folge auf sein Kapital 7 Prozent Rendite erhält, hat man sein Kapital durch den Zinseszinseffekt mehr als verdoppelt.

Aufgabe 21:

Du bestellst dir bei der Schmidt Holz GmbH eine neue Sauna inklusive Lieferung und Montage. Für den Gesamtrechnungsbetrag in Höhe von 6000 Euro inklusive Umsatzsteuer bietet man dir 2 Prozent Skonto bei Bezahlung innerhalb der ersten acht Tage an. Bei späterer Überweisung ist der volle Rechnungsbetrag fällig. Wie hoch ist der zu überweisende Geldbetrag unter Berücksichtigung von Skonto?

Aufgabe 22:

Wenn man alles Gold, das bis heute weltweit gefördert wurde, in einen würfelförmigen Klotz packen würde, hätte dieser Würfel lediglich eine Kantenlänge von etwas mehr als 22 Metern und hätte somit in jedem größeren Garten hinterm Haus Platz, versteckt unter dem Blätterdach alter Rotbuchen. Man spricht hierbei auch vom sogenannten Goldwürfel. Dieser Würfel hätte ein Gewicht von etwa 200.000 Tonnen.

a) Berechne das Volumen des »Goldwürfels«.

b) Wie viele Goldbarren zu je einem Kilogramm könnte man daraus herstellen?

6

MATHEMATIK IST EINE BITTERSÜSSE ARZNEI. SCHMECKT NICHT, HILFT ABER – SOGAR IM GESUNDHEITSBEREICH

Dass Mathematik sogar im Gesundheitswesen eine wichtige Rolle spielt, wissen nur wenige. Hast du dich vielleicht schon einmal gefragt, wie die monatlichen Kosten für deine Berufsunfähigkeitsversicherung oder für deine private Krankenversicherung entstehen? Sicherlich spielen hier auch wirtschaftliche Aspekte bei der sogenannten Tarifierung eine Rolle. Im Kern handelt es sich jedoch um komplexe mathematische Modelle, um die Risiken für gewisse Personengruppen zu kalkulieren. Die Versicherungsmathematik ist ein Teil der angewandten Mathematik und bildet mithilfe der Wahrscheinlichkeitstheorie und statistischer Verfahren die Grundlage für die Prämienberechnung und weitere Risikomodelle. Dadurch ist die Mathematik für einen großen Sektor des Gesundheitswesens nicht mehr wegzudenken.

Neben sehr komplexen Anwendungen gibt es aber auch ein paar einfachere. Mit der ein oder anderen bist du sehr wahrscheinlich im wahrsten Sinne des Wortes schon einmal in Berührung gekommen. Zum Beispiel mit der Sonnencreme. Was bedeutet eigentlich der Lichtschutzfaktor?

Selbst dein Hausarzt oder Fitnesstrainer hantiert mit etwas Mathematik, wenn er deinen Body-Mass-Index oder deinen täglichen Kalorienbedarf berechnet. Übrigens, nicht nur bei Sonnencreme und Ernährung kommt es auf die Dosierung an.

Und gibt es wirklich eine Formel in der Medizin, mit der man die Größe deiner Kinder näherungsweise vorhersagen kann? Auch das wollen wir uns in diesem Kapitel anschauen.

6.1 WAS BEDEUTET »LICHTSCHUTZFAKTOR 30«?

Sommerzeit – für viele die schönste Zeit des Jahres. Saftige Wassermelone, leckeres Eis und zahlreiche Besuche am nächstgelegenen Badesee. Es ist aber auch die Zeit für krebsrote Schultern, knallrote Nasen und Rücken, die sich schälen, als wäre man ein Hybrid aus Mensch und Schlange. Die gesundheitlichen Risiken sollten weitestgehend bekannt sein. Dennoch ranken sich zahlreiche Mythen um den Lichtschutzfaktor bei Sonnencremes.

Bedeutet »Lichtschutzfaktor (LSF) 20«, dass …

a) die Haut 20 Minuten länger der Sonne ausgesetzt werden darf?
b) die Haut 20 % weniger lichtdurchlässig ist?
c) man 20-mal länger in der Sonne bleiben kann?

Die Antwort liefert die Mathematik. Ein Faktor ist eine Zahl bzw. Größe, mit der eine andere Zahl oder Größe multipliziert wird. Und das gilt auch für den Lichtschutzfaktor. Das Bundesamt für Strahlenschutz schreibt dazu: »Nehmen wir an, eine bestimmte Person kann bei einem bestimmten UV-Index zehn Minuten in der Sonne bleiben, ohne dass sich ein Sonnenbrand bildet. Das ist für diese Person die sogenannte Eigenschutzzeit, für die unter anderem der Hauttyp eine Rolle spielt. Benutzt diese Person ein Sonnenschutzmittel mit Lichtschutzfaktor 20, kann sie theoretisch bei demselben UV-Index 10 Minuten · 20 = 200 Minuten (etwas mehr als drei Stunden) draußen sein, ohne einen Sonnenbrand zu bekommen.«[37] Damit ist Antwort c) richtig, da die Eigenschutzzeit mit dem Lichtschutzfaktor multipliziert wird.

Mathe-Reminder

Maximale Verweildauer in der Sonne:

Max. Verweildauer = Eigenschutzzeit · Lichtschutzfaktor

»Lichtschutzfaktor 30« bedeutet entsprechend, dass Sonnenanbeter 30-mal länger in der Sonne bleiben können als ohne Sonnencreme. Wer also nach 10 Minuten gerötete Haut bekommt, würde mit LSF 30 maximal 300 Minuten in der Sonne bleiben können, bevor die Haut sich rötet und Hautschäden eintreten.

$$\text{Maximale Verweildauer} = 10 \text{ Minuten} \cdot 30 = 300 \text{ Minuten}$$

Das ist allerdings nur ein theoretischer Wert. Dermatologen raten, bereits nach zwei Dritteln der maximalen Zeit, also nach 200 Minuten (2/3 · 300), in den Schatten zu gehen.[38]

Für die Ermittlung der Eigenschutzzeit kann folgende Darstellung hilfreich sein:[39]

Merkmale	Hauttyp 1	Hauttyp 2	Hauttyp 3	Hauttyp 4	Hauttyp 5	Hauttyp 6

Haut	sehr hell, häufig Sommersprossen, extrem empfindlich	hell, empfindlich, häufig Sommersprossen	hell bis hellbraun, selten Sommersprossen	hellbraun, olivfarben, keine Sommersprossen	dunkelbraun bis schwarz, keine Sommersprossen	dunkelbraun bis schwarz, keine Sommersprossen
Haar	blond, rot	blond bis braun	dunkelblond bis braun	dunkelbraun	dunkelbraun bis schwarz	schwarz
Augen	blau	blau, grau, grün oder braun	grau oder braun	braun bis dunkelbraun	dunkelbraun	dunkelbraun
Sonnenbrand	immer stark, schmerzhaft	oft stark, schmerzhaft	selten bis mäßig	selten	sehr selten	extrem selten
Bräunung in der Sonne	keine Bräunung	kaum bis mäßige Bräunung	gute, fortschreitende Bräunung	schnelle und tiefe Bräunung	keine Bräunung	keine Bräunung
Eigenschutz der Haut	bei UV-Index 8 bis maximal 15 Minuten	bei UV-Index 8 bis maximal 20 Minuten	bei UV-Index 8 bis maximal 30 Minuten	bei UV-Index 8 bis maximal 40 Minuten	bei UV-Index 8 bis maximal 60 Minuten	bei UV-Index 8 bis maximal 90 Minuten

Zum Verständnis: Mit »UV-Index 8« ist auf einer WHO-Skala von 1 bis 10 ein ersichtlich hoher Tagesspitzenwert bei der sonnenbrandwirksamen UV-Strahlung gemeint.

Wichtig: Die Eigenschutzzeit und die maximale Verweildauer beginnen nicht wieder von vorne, wenn man sich erneut mit Sonnenmilch eincremt. Für unser Beispiel mit Lichtschutzfaktor 30 und Eigenschutzzeit 10 Minuten bedeutet das: Nach maximal 300 Minuten muss die entsprechende Person aus der Sonne raus! Egal, wie oft Sonnencreme aufgetragen wurde.

Außerdem gilt: Nicht kleckern, sondern klotzen! Dermatologen empfehlen etwa 2 Milligramm pro Quadratzentimeter Haut. Das sind bei einer erwachsenen Person grob gerechnet etwa 30 Milliliter

Creme oder circa 3 Esslöffel Sonnencreme. Überall da, wo Sonnenstrahlen nahezu senkrecht auf unseren Körper treffen (Schultern, Nasenrücken, Fußrücken), darf gerne eine Extraportion Sonnencreme aufgetragen werden. Das Gleiche gilt natürlich auch bei stärkerem Schwitzen oder nach dem Schwimmen.

Eine erfreuliche Nachricht noch für den Geldbeutel: Laut Stiftung Warentest schnitten gerade die Nobelmarken eher unterdurchschnittlich ab. Testsieger wurden unter anderem die günstigen Produkte. Teuer ist also nicht automatisch besser![40]

Investiere das gesparte Geld lieber in einen extragroßen Eisbecher. Einen Esslöffel hast du ab jetzt ja ohnehin immer dabei. Lass dir den Sommer schmecken.

6.2 SO BERECHNEST DU DEINEN KALORIENBEDARF

Ich will ehrlich sein: Bei meinem Körper siegt langsam, aber sicher die Schwerkraft. So ist das eben, wenn die 40 anklopft. Die Figur, die ich einst mit Mitte 20 hatte, ist nur noch eine Erinnerung. Das Schlimme daran ist, dass ich eigentlich gar nicht so undiszipliniert bin. Ich ernähre mich im Großen und Ganzen, bis auf ein paar Aussetzer, sehr gesund und treibe etwa vier- bis fünfmal die Woche Sport. Klar, ich laufe jetzt keinen Marathon – aber 45 Minuten und teilweise auch länger ertüchtige ich mich definitiv jedes Mal. Hinzukommen tägliche Spaziergänge mit meiner Hündin Nala. Mein einziges Laster sind Süßigkeiten. Das erklärt auch die Aussetzer. Süßkram sollte ich am besten erst gar nicht zu Hause haben. Ich würde auch Nutella mit dem Löffel aus dem Glas essen, wenn unsere Süßigkeitenschublade leer wäre. In der Not wurde von mir auch schon Backschokolade mehr oder weniger zweckentfremdet und landete in meinem Mund, bevor sie jemals einen Kuchen verfeinern konnte. Seither versteckt meine Frau sie vor mir. Das sind aber nur Aussetzer und Gott sei Dank nicht die Regel. Außerdem gab es diese Nachlässigkeiten auch mit Mitte 20 schon bei mir. Unterm Strich würde ich sogar behaupten, dass ich etwas weniger esse und gleichzeitig mehr Bewegung habe als früher. Trotzdem wölbt sich mein Körper seither stückchenweise mehr und mehr nach außen. Das behaupten zumindest meine Gürtellöcher. Vielleicht fühlst du dich bei dem ein oder anderen Punkt ja auch angesprochen. Gleichzeitig glaube ich an die Gesetze der Physik. Die sagen nämlich, einfach formuliert: Wenn du mehr isst, als du verbrennst, nimmst du zu. Ende. Ich kann folglich nur mutmaßen, dass ich früher, warum auch immer, mehr Energie verbrannt habe als heute.

Vielleicht befinde ich mich ja auf dem besten Weg in eine Midlife-Crisis, aber irgendwie möchte ich diesem vielleicht auch alterungsbedingten Gürtellochphänomen Einhalt gebieten. Für mich als Verfechter physikalischer Gesetze bedeutet das, dass ich regelmäßig unter meinem rechnerischen Energiebedarf bleiben sollte.

Und damit sind wir mitten im Thema. Wie viel Energie verbrauchen wir – also wie groß ist unser täglicher Energiebedarf? Erfreulicherweise lässt sich dieser mithilfe von etwas Mathematik leicht berechnen. Es gibt in der Ernährungsmedizin und Fitnessbranche mehrere sogenannte Schätzformeln. Eine davon ist die Harris-Benedict-Formel[41]. Bereits 1918 veröffentlichten J. A. Harris und F. G. Benedict ihre Formel, die in der Ernährungsmedizin noch heute allgemein akzeptiert ist und eine gute Näherung für den Grundumsatz darstellt. Der Grundumsatz ist dabei die Menge an Energie, die dein Körper in völliger Ruhe pro Tag verbraucht, um seine Lebensfunktionen aufrechtzuerhalten. Zu diesen lebenswichtigen Funktionen zählen beispielsweise Atmung, Körpertemperaturregelung, Verdauung und Organfunktionen. Der Grundumsatz ist also etwa mit dem Energieverbrauch vergleichbar, den man hat, wenn man schläft und nicht aktiv ist. Physikalisch handelt es sich dabei um Leistung, also Arbeit pro Zeit. Streng genommen müsste der Grundbedarf also in (Kilo-)Kalorien pro 24 Stunden (kcal/24h) angegeben werden. In der Praxis lässt man jedoch »pro 24 Stunden« meistens weg und gibt den Grundbedarf lediglich in kcal an. Wir sind im Folgenden ebenfalls kulant und gehen bei der Anwendung der Harris-Benedict-Formel stets davon aus, dass damit automatisch der Energiebedarf pro Tag gemeint ist. Kulant sind wir auch bei der Maßeinheit. Denn eigentlich sollte es schon lange »Joule« bzw. Kilojoule (kJ) heißen, aber die gute alte Kilokalorie und ihre Verbraucher haben sich der beabsichtigten Verdrängung so erfolgreich widersetzt, dass die lebensmittelrechtliche Vorschrift heute beide Einheiten nebeneinander verlangt. Auf deinem Joghurtbecher steht dann zum Beispiel: 254 kJ / 61 kcal.

Mathe-Reminder

Harris-Benedict-Formel:

Grundumsatz (GU) beim Mann:

$$GU = 66{,}47 + (13{,}7 \cdot \text{Körpergewicht in kg}) + (5 \cdot \text{Körpergröße in cm}) - (6{,}8 \cdot \text{Alter in Jahren})$$

Grundumsatz (GU) bei einer Frau:

$$GU = 655{,}1 + (9{,}6 \cdot \text{Körpergewicht in kg}) + (1{,}8 \cdot \text{Körpergröße in cm}) - (4{,}7 \cdot \text{Alter in Jahren})$$

Die Klammern in der Formel sind mathematisch betrachtet aufgrund der Punkt-vor-Strich-Regelung nicht notwendig, machen die Formel aber insgesamt lesefreundlicher. Der Unterschied im ersten Summanden bei Mann und Frau um etwa den Faktor 10 lässt erahnen, dass bei Frauen der Grundumsatz weniger von Körper und Alter abhängt als bei Männern.

In meinem Fall bedeutet das bei einem Körpergewicht von 97 Kilogramm, einer Körpergröße von 1,95 Metern und einem Alter von 39 Jahren:

$$GU = 66{,}47 + (13{,}7 \cdot 97) + (5 \cdot 195) - (6{,}8 \cdot 39) = 2105{,}17 \text{ kcal}$$

Am Beispiel einer Frau mit einem Körpergewicht von 60 Kilogramm, einer Körpergröße von 1,64 Metern und einem Alter von 30 Jahren ergibt sich:

$$GU = 655{,}1 + (9{,}6 \cdot 60) + (1{,}8 \cdot 164) - (4{,}7 \cdot 30) = 1385{,}3 \text{ kcal}$$

Im allgemeinen Sprachgebrauch hätte unsere Beispiel-Frau einen Grundbedarf von etwa 1385 Kalorien. In Wirklichkeit sind es aber immer Kilokalorien.

Bei gleichen Voraussetzungen wie bei mir (Gewicht/Größe/Alter) würde unsere Beispiel-Frau im Rahmen der Frauen-Formel folgenden Grundbedarf haben:

$$GU = 655{,}1 + (9{,}6 \cdot 97) + (1{,}8 \cdot 195) - (4{,}7 \cdot 39) = 1754 \text{ kcal}$$

Für den Grundumsatz haben wir jetzt bereits eine gute Abschätzung. Da wir, außer vielleicht im Urlaub, selten so faul herumliegen, dass sich unser Energieverbrauch auf die notwendigsten Lebensfunktionen wie Atmung und Durchblutung beschränkt, dürfte der Gesamtverbrauch wohl höher liegen. Hierfür gibt es die sogenannten PAL-Werte (*physical activity level*). Der PAL, auch Leistungsumsatz genannt, beschreibt letztlich die Menge an Energie für Belastungs- und Bewegungsaktivitäten, die zusätzlich zum Grundumsatz verbraucht wird. So verbraucht ein Büroangestellter in aller Regel weniger Energie als ein Fließbandarbeiter. Ein Landwirt oder Leistungssportler wird im Normalfall wiederum mehr Energie verbrauchen als ein Lehrer oder Dozent. Folgende Übersicht bietet dir einen guten Anhaltspunkt, welcher PAL-Wert in Abhängigkeit von deinem ausgeübten Beruf am ehesten auf dich zutrifft.[42]

Beruf/Tätigkeit	PAL-Wert	Beispiele
Ruhezustand, ausschließlich sitzende oder liegende Lebensweise	1,2–1,3	Bettlägerige Menschen, Patienten im Krankenhaus
Nahezu ausschließlich sitzend. keine bis wenig Freizeitaktivitäten	1,4–1,5	Schreibtischtätigkeiten, Lkw-Fahrer
Überwiegend sitzend, zeitweise auch gehende oder stehende Tätigkeiten	1,6–1,7	Studierende, Laboranten, Dozierende
Überwiegend stehende und gehende Tätigkeiten	1,8–1,9	Verkäufer, Bedienungen, Handwerker, Gärtner
Körperlich anstrengende berufliche Tätigkeiten, intensive Freizeitaktivitäten	2,0–2,4	Waldarbeiter, Bauarbeiter, Landwirte, Leistungssportler

Die Tabelle erhebt natürlich keinen Anspruch auf Vollständigkeit. Außerdem ist es natürlich nicht ausgeschlossen, dass es Berufe und Freizeitaktivitäten gibt, die zu einem höheren PAL-Wert als 2,4 führen. Ohnehin handelt es sich bei der dargestellten Tabelle um Richtwerte, die lediglich als Orientierung dienen.

Klären wir an dieser Stelle noch, wie du mittels der PAL-Werte deinen Gesamtenergieverbrauch ermitteln kannst. Dazu müsstest du deinen individuellen PAL-Wert mit deinem Grundumsatz multiplizieren. Da ich in meinem Beruf überwiegend sitze und manchmal stehe und gehe, gleichzeitig aber regelmäßig Sport treibe, würde ich mir einen

PAL-Wert von 1,7 (bestenfalls 1,8) geben. Rechnen wir in Hinblick auf meine Gürtellöcher aber lieber vorsichtig mit 1,7. In meinem Fall (GU = 2105,17) ergibt sich damit folgender Gesamtverbrauch:

$$\text{GU} \cdot 1{,}7 = 2105{,}17\ \text{kcal} \cdot 1{,}7 \approx 3579\ \text{kcal}$$

Es gibt inzwischen gute Apps, mit denen man ohne großen Aufwand seine Kalorien zählen kann. Wahrscheinlich würde es genügen, ein paar Tage lang sein Essverhalten zu tracken. So bekommt man ein besseres Gefühl, wie viele Kalorien man täglich zu sich nimmt. Stimmt die Kalorienzufuhr in etwa mit deinem Gesamtenergiebedarf überein, sollte dein Gewicht relativ konstant bleiben. Andernfalls ist wahrscheinlich eine Anpassung des Grundumsatzes oder PAL-Wertes notwendig. Natürlich ist auch eine Anpassung der Gürtellöcher immer eine Option – bzw. eine Anpassung deines Essverhaltens. Am Ende sollte sowieso bei jedem das individuelle Wohlfühlgewicht im Vordergrund stehen. Und ganz ehrlich: Was wäre das Leben schon ohne die süßen Sünden?

6.3 MEIN BMI IST NICHT ZU GROSS. ICH BIN NUR ZU KLEIN …

»Schon wieder so ein widerlicher Ausdauersportler«, kommentierte mein Hausarzt mit einem verschmitzten Lächeln mein Elektrokardiogramm. Mein Gehirn war an diesem Morgen noch etwas langsam, sodass ich etwas gebraucht habe, um zu verstehen, dass das eine gute Nachricht war. Ein paar Tage zuvor war ich zur Vorsorgeuntersuchung beim Kardiologen gewesen und durfte ein Belastungs-EKG über mich ergehen lassen. Falls du dir darunter gerade nichts vorstellen kannst: Du strampelst bis zur Erschöpfung auf einem

Fahrradergometer, wobei alle zwei Minuten die Belastungsintensität zunimmt. Ein wahrer Spaß. Seitdem habe ich in meinem Kopf »Sportklamotten anziehen und, ganz wichtig, Wechselwäsche mitnehmen!« abgespeichert für den Fall, dass ich nur »Kardiologe« höre. Rate mal, wer beides nicht dabeihatte ...

Ich hatte mir mit Mitte 30 vorgenommen, ich möchte frühzeitig mit all meinen Vorsorgen anfangen. Das hat für mich übrigens auch einen finanziellen Aspekt. Ich habe manchmal das Gefühl, dass man sich zu viele Gedanken um die nächstbeste Geldanlage macht und dabei die wertvollste aller Geldanlagen versehentlich außer Acht lässt: das Humankapital. Das Humankapital ist der größte Vermögenswert bei den allermeisten Anlegern und monetarisiert sich durch einen Job bzw. eine selbstständige Tätigkeit. Neben einem möglichst hohen Bildungsabschluss (mehr dazu findest du im Abschnitt 5.1, »Wie viel ist ein Abitur in Deutschland wert?«) hat deine Gesundheit den größten Einfluss auf dein Humankapital. Nur wer gesund ist, kann arbeiten und volle Leistung bringen. Das gilt natürlich auch für mich als Selbstständigen. Und damit schließt sich der Kreis wieder. Ich saß beim Hausarzt für einen umfangreichen Gesundheitscheck. Mein EKG war bei mir, dem »widerlichen Ausdauersportler«, zum Glück nicht das schlechteste. Daneben wurde unter anderem auch noch mein Blutdruck gemessen, mein Bewegungsapparat gecheckt, ein großes Blutbild gemacht und eine Urinprobe verlangt. Irgendwo dazwischen wurden auch noch meine Körpergröße und mein Körpergewicht gemessen, um den BMI (Body-Mass-Index) zu ermitteln.

Der BMI (auch Körpermasseindex) ist eine Maßzahl für die Klassifizierung des Körpergewichts eines Menschen in Relation zu seiner Körpergröße. Dabei wird das Körpergewicht ins Verhältnis zum Quadrat der Körperlänge gesetzt. Damit hätten wir auch schon die Formel für den BMI.

Mathe-Reminder

Der Body-Mass-Index: $\text{BMI} = \dfrac{\text{Körpergewicht in kg}}{(\text{Körpergröße in m})^2}$

Beispiel 1: Der MatheNick wiegt 97 Kilogramm und ist 1,95 Meter groß. Damit ergibt sich folgender Body-Mass-Index:

$$\text{BMI}_{\text{MatheNick}} = \frac{97}{1{,}95^2} \approx 25{,}51$$

Beispiel 2: Sylvester Stallone wiegt in Rambo 4 etwa 95 Kilogramm[43] (20 Kilogramm mehr als in Rambo 2) bei einer Körpergröße von 1,77 Metern.

$$\text{BMI}_{\text{Rambo}} = \frac{95}{1{,}77^2} \approx 30{,}32$$

Schauen wir nun in die folgende Tabelle[44] und vergleichen den BMI der beiden Actionhelden MatheNick und Rambo.

BMI-Wert	Einstufung
BMI < 18,5	Untergewicht
BMI 18,5–24,9	Normalgewicht
BMI 25–29,9	Übergewicht
BMI 30–34,9	Adipositas Grad 1
BMI 35–39,9	Adipositas Grad 2
BMI ≥ 40	Adipositas Grad 3

Der MatheNick hätte entsprechend leichtes Übergewicht und Rambo Adipositas Grad 1.

Fazit 1: Endlich habe ich eine bessere Figur als Rambo!

Fazit 2: Der BMI ist natürlich nur eine grobe Maßzahl. Er berücksichtigt weder Geschlecht noch Alter noch Statur. Der BMI ist daher eher als Anhaltspunkt für die Einschätzung eines gesunden Körpergewichts zu sehen.

Man findet im Netz (beispielsweise auf der Website der Universität Heidelberg[45]) auch BMI-Tabellen, die ein paar zusätzliche Merkmale berücksichtigen und womöglich eine bessere Einschätzung zulassen.

BMI-Tabelle für Frauen

Alter	Untergewicht	Normalgewicht	Übergewicht	Adipositas	starke Adipositas
19-24	< 18	18-24	24-29	29-39	> 39
25-34	< 19	19-25	25-30	30-40	> 40
35-44	< 20	20-26	26-31	31-41	> 41
45-54	< 21	21-27	27-32	32-42	> 42
55-64	< 22	22-28	28-33	33-43	> 43
> 64	< 23	23-29	29-34	34-44	> 44

BMI-Tabelle für Männer

Alter	Untergewicht	Normalgewicht	Übergewicht	Adipositas	starke Adipositas
19-24	< 19	19-25	25-30	30-40	> 40
25-34	< 20	20-26	26-31	31-41	> 41
35-44	< 21	21-27	27-32	32-42	> 42
45-54	< 22	22-28	28-33	33-43	> 43
55-64	< 23	23-29	29-34	34-44	> 44
> 64	< 24	24-30	30-35	35-45	> 45

Der MatheNick hätte entsprechend ab einem Alter von 25 Jahren mit einem BMI von 25,5 kein Übergewicht mehr. Sollte Rambo noch ein weiteres Abenteuer bestreiten, müsste er sich bei einem unveränderten BMI von 30,32 nur noch mit leichtem Übergewicht durch den Dschungel schleppen, da er älter als 64 Jahre wäre.

Ich persönlich bin der Meinung, dass der BMI sicherlich kein schlechtes Instrument für eine erste Einschätzung eines gesunden Körpergewichts ist. Außerdem finde ich es immer spannend, wenn die Mathematik im Alltag ins Spiel kommt. Gleichzeitig gilt aber auch, dass man sich nicht blind auf irgendwelche Tabellen verlassen sollte und im Zweifel lieber professionellen Rat einholt. Und genau das wollte ich dir in diesem Abschnitt eben auch zeigen: das Arbeiten mit Tabellen und Zahlen. Dabei ist es zulässig und sogar wichtig, die Dinge auch mal logisch zu hinterfragen. Beim Thema BMI antworte ich also künftig: »Mein BMI ist nicht zu groß. Ich bin nur zu klein.«

6.4 SO GROSS WERDEN DEINE KINDER

Vorneweg: Für diesen Abschnitt benötigen wir keine Glaskugel, Tarotkarten oder die Expertise eines Hellsehers. Wir verlassen uns ganz auf die Erkenntnisse der Medizin und brauchen später lediglich etwas Mathematik. Nicht immer, aber im Normalfall gilt: große Eltern, große Kinder – und kleine Eltern, kleine Kinder. Wie groß ein Kind wird, ist letztlich Veranlagung und wird von beiden Elternteilen vererbt. Doch wie ermittelt man nun die Größe seiner Kinder?

Eine Variante ist die ärztliche Untersuchung. Dabei wird die linke Hand des Kindes geröntgt und dadurch das Knochenalter bestimmt.

Daraus wiederum können Rückschlüsse auf Wachstumsverzögerungen und die endgültige Größe gezogen werden. Diese Variante dürfte am Ende sicherlich zu den genauesten Methoden zählen.

Wer den Arztbesuch scheut oder vielleicht noch gar keine Kinder hat, kann dennoch die Größe seiner (zukünftigen) Kinder abschätzen. Dazu nimmt man die Körperlänge beider Elternteile – der Rest ist Statistik.[46] Betrachtet man nämlich eine große Anzahl von Kindern, liefern die folgenden beiden Formeln eine sehr gute Abschätzung über die zu erwartende Größe eines Kindes in Abhängigkeit von der Größe seiner Eltern:

$$\text{Zielgröße}_{\text{Sohn}} = \frac{\text{Größe}_{\text{Vater}} + \text{Größe}_{\text{Mutter}}}{2} + 6{,}5\text{ cm}$$

$$\text{Zielgröße}_{\text{Tochter}} = \frac{\text{Größe}_{\text{Vater}} + \text{Größe}_{\text{Mutter}}}{2} - 6{,}5\text{ cm}$$

Wichtig ist, dass die Körpergröße in Zentimetern in die Formel eingesetzt wird. Da du dich in einem fortgeschrittenen Teil dieses Buchs befindest, ist dir sicherlich bereits aufgefallen, dass der erste Teil der Formel nichts anderes ist als die durchschnittliche Größe beider Elternteile.

Mathe-Reminder

Den Mittelwert $\overline{x}$ (Alltagssprache: Durchschnitt) kannst du mit folgender Formel ausrechnen:

$$\overline{x} = \frac{a_1 + a_2 + \dots a_n}{n}$$

Wobei a_1 bis a_n die Einzelwerte sind und n die Gesamtzahl der Einzelwerte ist.

Ich selbst bin 1,95 Meter groß und meine Frau ist 1,74 Meter groß. Erwartungsgemäß müsste unser Sohn also 1,91 Meter groß werden.

$$\text{Zielgröße}_{\text{Sohn}} = \frac{195\ \text{cm} + 174\ \text{cm}}{2} + 6{,}5\ \text{cm} = 191\ \text{cm} = 1{,}91\ \text{m}$$

Angenommen, ein Mann ist 1,83 Meter groß und seine Partnerin ist 1,68 Meter groß, dann würde man bei einer Tochter eine Zielgröße von 1,69 Meter erwarten.

$$\text{Zielgröße}_{\text{Tochter}} = \frac{183\ \text{cm} + 168\ \text{cm}}{2} - 6{,}5\ \text{cm} = 169\ \text{cm} = 1{,}69\ \text{m}$$

Obwohl die Formel sicherlich eine gute Annäherung für die Zielgröße deines Kindes berechnet, solltest du lieber plus/minus 5 Zentimeter bei deinem Ergebnis einplanen. Schließlich sind auch zwei Brüder oder zwei Schwestern selten gleich groß. Wie bereits geschrieben, spielen unsere Gene bei der zu erwartenden Größe unserer Sprösslinge eine große Rolle. Die Gene mischen sich aber fleißig und können auch mal eine Generation überspringen. Überraschungen sind dadurch wohl auch künftig nicht auszuschließen.

Meine Frau ist Gynäkologin und war lange Zeit in der Geburtshilfe tätig. In ihren Unterlagen befand sich eines dieser gelben Hefte als Anschauungsmaterial, das Kinderuntersuchungsheft. Darin ist unter anderem ein Somatogramm enthalten. Ein Somatogramm wird dazu verwendet, die körperliche Entwicklung eines Säuglings, Kleinkindes oder Jugendlichen hinsichtlich der Körpermaße in einem Diagramm grafisch dazustellen. Durch regelmäßige Messungen und Eintragungen können Kinderärzte (und auch du) eine individuelle Wachstumskurve erstellen und diese mit dem statistischen Durchschnitt vergleichen. Damit lässt sich der Wachstumsfaktor eines Kindes mittels Perzentilen leichter beurteilen.

Im Kinderuntersuchungsheft befinden sich neben der 50. Perzentile auch die 3. und 97. Perzentile.

Mathe-Reminder

Perzentile:
Unter einer »Perzentile« versteht man eine statistische Größe, die die Position eines Wertes, beispielsweise der Körpergröße, mit anderen Werten eines Kollektivs vergleicht. So besagt beispielsweise die 97. Perzentile, dass 97 von 100 Menschen unterhalb dieses bestimmten Wertes liegen.

Liegen die Größenwerte deines Kindes genau auf dem 50. Perzentil, weißt du, dass genau die Hälfte aller gleichaltrigen Kinder größer und die andere Hälfte kleiner ist. Die 50. Perzentile stellt dabei also eine Art Durchschnitt dar. Doch auch alles bis zu den Randkurven (3. und 97. Perzentil) kann sich im akzeptablen Normbereich bewegen.

Natürlich kannst du eine Glaskugel oder Wahrsagerin auch noch einmal fragen, ob dein Kind das Potenzial hat, der nächste Michael Jordan zu werden. Einen Referenzwert zur Einschätzung der Vorhersagen hast du seitens der Medizin bzw. Mathematik ab jetzt zur Hand. Ich persönlich verlasse mich lieber auf wissenschaftliche Ansätze. Unabhängig davon kommt es am Ende (außer vielleicht im Basketball) sowieso mehr auf die innere Größe an.

6.5 IMMER RICHTIG DOSIEREN!

Falls du einen haarigen Mitbewohner zu Hause hast, der sich gerne im Dreck wälzt, alles frisst, was ihm in die Quere kommt, und regelmäßig dafür sorgt, dass die Luft merkwürdig riecht, dann ist dieser Abschnitt definitiv interessant für dich. Und nein, es geht nicht um deinen Ehemann. Ich spreche von unserem Lieblingshaustier, dem Hund.

Als fürsorgliches Frauchen oder Herrchen ist man natürlich darauf bedacht, Futter, Zusätze und Medikamente möglichst exakt zu dosieren. Wenn man hierzu nicht grob schätzen möchte, was ich auch nicht empfehle, sind in einigen Fällen grundlegende Kenntnisse in Mathematik von Vorteil. Das Thema Dosierung ist leider ein recht umfangreiches Thema und würde den Rahmen dieses Buches bei Weitem sprengen, würde man alle Fragestellungen zu diesem Thema beantworten wollen. Bei meiner Recherche habe ich jedoch festgestellt, dass wir im Alltag meistens mit einem der drei folgenden Dosierungsprobleme konfrontiert werden. Und diese schauen wir uns jetzt näher an. Wir werden jetzt gleich Einheiten, Brüche und auch etwas Prozentrechnen anwenden. Wenn du möchtest, kannst du dich vorab noch einmal dem Kapitel 2 widmen.

1) Um zur Gesunderhaltung der Gelenke unserer Hündin Nala beizutragen, füttern meine Frau und ich Kollagen hinzu, das es in Pulverform zu kaufen gibt. Auf der Rückseite der Dose steht als Fütterungsempfehlung:

Hunde je 10 kg: 2 g täglich

Was heißt das jetzt für einen Hund, der beispielsweise 27 Kilogramm wiegt? Die Rechnung dahinter ist nicht besonders schwer. »Je 10 kg« bedeutet nichts anderes als »pro 10 kg« und das bedeutet letztlich »durch 10 kg«. Wir teilen das Gewicht also zunächst durch

10 Kilogramm und multiplizieren das Ergebnis am Ende nur noch mit den 2 Gramm aus der Fütterungsempfehlung:

$$\frac{27\text{ kg}}{10\text{ kg}} \cdot 2\text{ g} = 5{,}4\text{ g}$$

Die 5,4 Gramm messen wir mit einem Dosierlöffel ab und mischen es Nala dann abends unter ihr Futter.

2) Im Regelfall kann man davon ausgehen, dass ein ausgewachsener Hund täglich etwa 2,5 Prozent seines Körpergewichts an Nahrung aufnehmen sollte.[47] Bei älteren oder trägeren Hunden reichen vielleicht auch 2 Prozent, während bei sehr aktiven Hunden teilweise bis zu 5 Prozent notwendig sein können. Wir bleiben jetzt bei einem Bedarf von 2,5 Prozent und nehmen wieder ein Körpergewicht von 27 Kilogramm an. Im Abschnitt 2.4 hast du eine leichte Formel kennengelernt, um auszurechnen, wie viel x Prozent von etwas ist:

$$W = G \cdot p$$

G war hierbei der Grundwert (die 27 Kilogramm) und p der Prozentsatz (die 2,5 Prozent – am besten dezimal umwandeln). Jetzt brauchen wir nur noch einzusetzen:

$$W = 27\text{ kg} \cdot 0{,}025 = 0{,}675\text{ kg} = 675\text{ g}$$

Solltest du Trockenfutter füttern, könntest du mithilfe eines Bechers und einer Küchenwaage die richtige Futtermenge bestimmen. Den Füllstand des Bechers kannst du anschließend mit einem Edding markieren.

3) Schauen wir uns abschließend noch ein etwas anspruchsvolleres Beispiel an. 5 Milliliter einer Antibiotikum-Suspension enthalten 250 Milligramm Wirkstoff. Dein Hund soll einmal täglich

200 Milligramm dieses Wirkstoffs einnehmen. Wie viele Milliliter müsstest du entsprechend abmessen?

Diese und ähnliche Aufgaben sind schnell zu lösen, wenn man erst einmal weiß, wie viel Milliliter genau 1 Milligramm Wirkstoff enthalten. Wenn in 5 Milliliter genau 250 Milligramm Wirkstoff enthalten sind, müssen wir dazu nur durch 250 teilen.

$$\frac{5\text{ ml}}{250\text{ mg}} = 0{,}02\,\frac{\text{ml}}{\text{mg}}$$

Da wir am Ende genau 200 Milligramm benötigen, multiplizieren wir unser Ergebnis noch mit 200:

$$\text{Volumen} = 0{,}02\,\frac{\text{ml}}{\text{mg}} \cdot 200\text{ mg} = 4\text{ ml}$$

Wir erhalten also 4 Milliliter Antibiotikum-Suspension. Man hätte beides auch gleichzeitig in einer Zeile berechnen können:

$$\text{Volumen} = \frac{5\text{ ml}}{250\text{ mg}} \cdot 200\text{ mg} = 4\text{ ml}$$

Alternativ könnte man die Lösung auch mit dem Dreisatz vielleicht noch verständlicher darstellen:

250 mg ≙ 5 ml (wir teilen alles durch 250)
1 mg ≙ 0,02 ml (wir multiplizieren mit 200)
200 mg ≙ 4 ml

Wahrscheinlich ist dir schon aufgefallen, dass die eben genannten Dosierungsbeispiele nicht nur für Hunde gelten, sondern letztlich sehr vergleichbar für alle Vierbeiner und Zweibeiner anwendbar sind. Beispielsweise für den Leistungssportler, der 1,2 Gramm Eiweiß pro Kilogramm Körpergewicht täglich zu sich nehmen möchte.

Wie du siehst, ist das größtenteils kein Hexenwerk, und du musst auch nicht zum Miraculix werden, um richtig zu dosieren. Etwas Mathematik genügt. Trotzdem neigen einige Hundebesitzer dazu, bei Dosierungen eher grob zu schätzen. Schön öfter habe ich beispielsweise gehört »circa einen Esslöffel hinzugeben«. Allein der Unterschied zwischen gestrichenem und gehäuftem Esslöffel könnte die doppelte oder gar dreifache Menge der empfohlenen Dosis ergeben. Daher empfehle ich, lieber etwas genauer zu sein.

6.6 AUFGABEN ZUM ÜBEN UND INTENSIVIEREN

Aufgabe 23:

Ein Ehepaar wiegt zusammen 150 Kilogramm, wobei er 20 Kilogramm mehr wiegt als seine Frau. Der Mann ist 1,85 Meter groß, seine Frau ist 1,70 Meter groß. Beide führen überwiegend stehende und gehende Tätigkeiten im Alltag aus. Beide sind 30 Jahre alt.

a) Gib das Gewicht der beiden Ehepartner an und ermittle deren zugehörigen BMI.

b) Berechne unter Verwendung des PAL-Wertes von 1,8 den täglichen Gesamtenergieverbrauch der Frau unter Zuhilfenahme der Harris-Benedict-Formel.

Aufgabe 24:

Auf der Verpackung einer Zahnseide steht, dass diese insgesamt eine Länge von 50 Metern hat.

a) Reicht eine neu geöffnete Zahnseide für eine 8-wöchige Australienreise, wenn man im Schnitt jeden Abend 40 Zentimeter davon verbraucht?

b) Eine dreiköpfige Familie teilt sich eine Zahnseide. Diese hat im angebrochenen Zustand noch eine Länge von 49 Metern. Die

Mutter verbraucht im Schnitt doppelt so viel Zahnseide wie der Vater. Der Vater verbraucht wiederum doppelt so viel Zahnseide wie das Kind. Wie viel Meter Zahnseide hat am Ende jeder von der angebrochenen 49-Meter-Rolle verbraucht, wenn diese komplett aufgebraucht ist?

Aufgabe 25:

Wie viele Tage hat ein Mensch in Deutschland durchschnittlich zu leben? Triff geeignete Annahmen und erstelle eine Modellierung zur Beantwortung der Frage.

7
WEGEN MATHE MUSST DU DIR KEINE SORGEN MACHEN. EHER OHNE

Ein häufiger Kommentar unter meinen Kurzvideos in den sozialen Medien lautet in etwa: »Wofür brauche ich das später mal?« Oder auch: »Man sollte lieber mal lernen, wie man seine Steuererklärung richtig macht.« Oder: »Vor 20 Jahren gelernt – nie wieder gebraucht!«

Ohne mich zu weit aus dem Fenster lehnen zu wollen, behaupte ich an dieser Stelle mutig (aber wertfrei), dass diese Kommentare überwiegend von Personen stammen dürften, die auf irgendeine Art und Weise mit der Schulmathematik auf Kriegsfuß stehen oder standen.

Zugegeben, du wirst wahrscheinlich nicht verhungern, selbst wenn du dich von der Mathematik völlig abwendest. Nach meiner Überzeugung hat die Mathematik aber auch eine unterhaltsame Seite und kann im Alltag auch dort nützlich sein, wo es nicht um Zinsen, Rentabilität oder Einsparmöglichkeiten geht. Tatsächlich gibt es kaum eine Ecke des Alltags, in der man nicht auch mit Mathematik weiterkommt. Unterhaltsam und trotzdem nützlich: Beides möchte ich dir anhand mehrerer Beispiele in diesem Kapitel zeigen.

Wir sind außerdem im letzten Kapitel meines Herzensprojekts angelangt. Ich fände es schön, wenn ich mit meinem Buch einen kleinen Teil dazu beigetragen habe, dass du einen aufgefrischten Zugang zur Mathematik (und dem Sinn dahinter) gefunden hast.

7.1 WIE WEIT IST DAS GEWITTER NOCH VON DIR ENTFERNT?

Sehr wahrscheinlich ist dir schon einmal aufgefallen, dass zwischen Blitz und Donner ein zeitlicher Versatz liegt. Das lässt sich recht einfach durch die unterschiedlichen Geschwindigkeiten erklären, mit denen sich Licht und Schall fortbewegen.

Mathe-Reminder

Geschwindigkeit Schall: 343,2 m/s (Meter pro Sekunde)
Geschwindigkeit Licht: ca. 300.000 km/s (Kilometer pro Sekunde)

Stell dir folgende Situation vor: Es ist Freitagmittag. Gedanklich hast du dich längst in dein wohlverdientes Wochenende verabschiedet – das Grill-Event mit deinen besten Freunden findet heute Abend statt. Und bei dem Gedanken, dass Basti wieder seine berühmten Thüringer Bratwürste auflegt, läuft dir jetzt schon das Wasser im Mund zusammen. Ketchup, mittelscharfer Senf, Röstzwiebeln und ein Tupfer Meerrettich. Genau so hast du dir dein Grillen vorgestellt. Gerade als du den ersten Bissen nimmst und deine Geschmacksknospen Level 7 auf der Himmelsskala erreichen, siehst du hinter den Bergen einen großen, hell leuchtenden Blitz, der sich in mehrere kleine Äste verzweigt. Verdammt!

Wie kannst du nun feststellen, ob du noch in Ruhe deine Bratwurst zu Ende essen kannst oder bereits vor fünf Minuten die Zelte hättest abbrechen sollen?

Die Lösung liefert die Mathematik und/oder eine gute Wetter-App. Da ich kein App-Entwickler bin, stelle ich dir lieber die mathematische bzw. physikalische Herangehensweise vor.

Im ersten Schritt zählst du oder misst du die Sekunden zwischen Blitz und Donner. »21, 22, 23« – sagen wir: drei Sekunden.

Da sich Schall mit 343,2 m/s ausbreitet, multiplizieren wir den Wert einfach mit der Anzahl der gezählten Sekunden. Im Beispiel drei Sekunden.

Also:

343,2 m/s · 3 s = 1029,6 m ≈ 1 km [»≈« steht in der Mathematik für »ungefähr« bzw. »gerundet«. Hatte ich das schon erwähnt?]

Mathe-Reminder

Sekunden s kürzen sich in vorheriger Rechnung:

$$\frac{m}{s} \cdot s = \frac{m \cdot s}{s} = \frac{m \cdot \cancel{s}}{\cancel{s}} = m$$

Bei Schwierigkeiten im Umgang mit Einheiten lade ich dich gerne noch einmal ein, Abschnitt 2.6 zu lesen.

Je nachdem, wie schnell sich die Gewitterwolken fortbewegen, solltest du zumindest noch Zeit für deine Semmel haben. Wenn das Gewitter allerdings genau in deine Richtung zieht, würde ich mir gut überlegen, ob du dir noch ein weiteres Paar Thüringer auf den Grill legst.

7.2 WIE LANGE DAUERT ES, EIN ZAHLENSCHLOSS ZU KNACKEN?

Hast du schon einmal die Zahlenkombination für dein Fahrradschloss vergessen? Ja? Willkommen im Klub!

Ich hatte damals die Zahlenkombination für mein neues Fahrradschloss eingestellt und bewusst auf einen Code wie Geburtsjahr oder Ähnliches verzichtet. So leicht wollte ich es meinem potenziellen Fahrraddieb nicht machen. Außerdem war ich mir sicher, dass ich mir den Code merken würde. »Ich bin schließlich Mathematiker und Zahlen liegen mir«, dachte ich mir. Zwei Wochen später hatte ich keinen blassen Dunst mehr, welchen Zahlencode ich eingestellt hatte. Ich konnte mich nur noch an die erste Zahl erinnern – eine 2.

Da mein Zahlengedächtnis offensichtlich schlechter war als vermutet (seither notiere ich mir solche PINs), kannst du dir meine Gedanken in diesem Moment in etwa vorstellen wie eine Frage bei *Wer wird Millionär?*.

So ein Mist! Ich Idiot habe tatsächlich
meine PIN vergessen.
Was mach ich jetzt nur???

A: Bolzenschneider kaufen

B: Neues Fahrrad kaufen

C: Alle Möglichkeiten probieren

D: Weinen, bis mir jemand hilft

Im ersten Augenblick erschien mir keine der Möglichkeiten sympathisch. Aber dann war es doch gar nicht so schlecht, dass ich Mathematik studiert habe.

Mathe-Reminder

Erinnerst du dich noch an das Bierbank-Beispiel aus Kapitel 1? Fünf Personen haben 120 Möglichkeiten, sich auf einer Bank anzuordnen. Die erste Person hat 5 Möglichkeiten, die zweite Person noch 4 Möglichkeiten usw.

Also: $5 \cdot 4 \cdot 3 \cdot 2 \cdot 1 = 5! = 120$ Möglichkeiten

Das Ausrufezeichen »!« nach der 5 steht – du erinnerst dich – für die Fakultät.

Für ein Zahlenschloss können wir eine ähnliche Überlegung wie beim Bierbank-Beispiel vornehmen: Da ich die erste Zahl noch wusste, blieben noch drei weitere Zahlenrädchen übrig.

Für das zweite Zahlenrädchen standen mir 10 Möglichkeiten (0–9) zur Verfügung. Für das dritte und vierte Rädchen standen ebenfalls wieder 10 Möglichkeiten zur Verfügung, da Wiederholungen (anders als auf der Bierbank) möglich sind.

Es gab also für die drei verbliebenen Rädchen $10 \cdot 10 \cdot 10 = 1000$ Möglichkeiten.

Im Schnitt braucht man also 1,5 Sekunden pro Kombination – das habe ich nach ein paar Versuchen einfach geschätzt. Zudem würde es schon nicht die letzte Möglichkeit sein, die das Schloss öffnet, dachte ich mir, und schlussfolgerte, es würde also maximal

$$1000 \cdot 1{,}5\ \text{s} = 1500\ \text{s} = 25\ \text{Minuten}$$

dauern. Wahrscheinlich weniger.

Wunderbar! Dauert weniger lange, als einen Bolzenschneider zu kaufen, ist günstiger als ein neues Fahrrad und rumheulen muss ich auch nicht. Höchstens ein bisschen vielleicht, weil ich jetzt alle Möglichkeiten ausprobieren durfte ... Nach gut 10 Minuten hatte ich das Schloss dann übrigens offen.

Mathe-Reminder

Möchtest du Sekunden in Minuten umrechnen, musst du durch 60 teilen. Beispiele:

60 s = (60 : 60) min = 1 min

150 s = (150 : 60) min = 2,5 min

Tipp: Ein durchschnittlich begabter Dieb würde im Mittel 12,5 Minuten brauchen (im Schnitt die Hälfte von 1000 Versuchen, also 500 Versuche zu je 1,5 Sekunden), um ein Fahrradschloss mit drei Zahlenrädchen ohne weitere Hilfsmittel zu knacken. Du solltest das berücksichtigen und daher auf ein Zahlenschloss mit mindestens vier Rädchen zurückgreifen, das wären dann immerhin 10.000 Möglichkeiten.

7.3 SO VIEL URLAUBSANSPRUCH HAST DU BEI TEILZEIT

Oh nein! Schon wieder dumpfe Schritte, die ich durch meine Bürotür höre. Ich senke meinen Kopf, atme mit aufgeblasenen Backen tief aus und schließe für einen kurzen Moment meine Augen, während ich mit den Fingern meine Stirn massiere. Keine Ahnung, was ich jetzt schon wieder verbrochen habe. Aber wenn mein Chef den Weg zu mir sucht, heißt das meistens nichts Gutes. Bei unserem letzten Gespräch hatte ich einen Einlauf bekommen, weil ich mein Handy in der Arbeit aufgeladen hatte. Wobei – eine grobe Vorahnung habe ich dieses Mal. Ich habe vor ein paar Tagen meinen Urlaubsantrag eingereicht. Das gleicht in meiner Firma grundsätzlich einer mehrjährigen Rezession.

Die ersten drei Wochen Urlaub in diesem Jahr habe ich bereits genommen und auch dringend gebraucht, um mich vom Anblick der gelben Büromöbel zu erholen, die seit einer Weile unser Büro schmücken.

»Herr Klupak, Sie haben noch über vier weitere Wochen Urlaub für dieses Jahr beantragt!«, schallt es mir entgegen, während sich die Bürotür öffnet.

»In meinem Arbeitsvertrag stehen doch 30 Urlaubstage? Das müsste bedeuten, dass ich mir bei einer 4-Tage-Woche letztlich 7,5 Wochen Urlaub pro Jahr nehmen darf – einfach 30 durch 4 Arbeitstage rechnen«, erwidere ich etwas schulterzuckend.

»Sie haben da einen kleinen Denkfehler«, sagt der Chef gereizt. »Das würde ja bedeuten, dass ein Minijobber, der beispielsweise nur einen Tag pro Woche arbeitet, bei 30 Urlaubstagen auch 30 Wochen frei nehmen könnte.«

Mir dämmert langsam, aber sicher, dass ich hier wohl tatsächlich einen kleinen Denkfehler habe. Zu meiner Verteidigung: Bisher war ich immer in Vollzeit angestellt und musste mir bei meinem Urlaubsanspruch nie groß Gedanken machen.

»Wie berechne ich dann meinen Urlaubsanspruch bei einer Teilzeittätigkeit korrekt?«, frage ich in Richtung Tür.

»Ich leite Ihnen dazu gleich einen Link weiter. Kommen Sie gerne mit einem korrigierten Urlaubsantrag auf mich zurück!« Die Tür fällt hart ins Schloss.

Kurze Zeit später ertönt ein sanftes Bing aus meinem Notebook. Eine E-Mail meines Chefs. Ich öffne den versprochenen Link und überfliege die dort stehenden Inhalte.

Das Recht auf bezahlten Urlaub regelt das Bundesurlaubsgesetz. Ich schmunzle, weil ich diesen Begriff gerade zum ersten Mal höre. Anscheinend basiert der Urlaubsanspruch immer auf Arbeitstagen und nicht auf Arbeitszeit pro Tag. Das finde ich interessant. Meine

Kollegin hat immer donnerstags einen langen Tag und arbeitet ansonsten nur bis Mittag. Das heißt also, dass sie einen Zeitvorteil hätte, würde sie überwiegend an Donnerstagen Urlaub nehmen. Und: Es gibt tatsächlich eine Formel, mit der man den Urlaubsanspruch bei Teilzeit ausrechnen kann.

Mathe-Reminder

Urlaubsanspruch bei Teilzeit:

$$\text{Urlaubsanspruch bei Teilzeit} = \frac{\text{Urlaubstage im Jahr}}{\text{Arbeitstage pro Woche}} \cdot \text{tatsächliche Arbeitstage pro Woche}$$

Moment, das bedeutet ja, dass nicht nur die Urlaubstage selbst, sondern auch die Arbeitstage pro Woche eine Rolle spielen. In meinem Arbeitsvertrag beziehen sich die 30 Urlaubstage auf eine 5-Tage-Woche. Wenn ich also 4 Tage pro Woche arbeite, ermittelt sich mein Urlaub wie folgt:

$$\text{Urlaubsanspruch Teilzeit} = \frac{30\ \text{Urlaubstage}}{5} \cdot 4 = 24\ \text{Urlaubstage}$$

Das erklärt natürlich, warum mein Chef gerade mit meinem Urlaubszettel wie angestochen ins Büro kam. Und jetzt verstehe ich auch endlich sein Beispiel mit dem Minijobber, der nur an einem Tag pro Woche arbeiten muss, der Glückliche:

$$\text{Urlaubsanspruch Teilzeit} = \frac{30\ \text{Urlaubstage}}{5} \cdot 1 = 6\ \text{Urlaubstage}$$

Wenn Mr. Minijob als nur montags arbeitet und sechs Montage freinimmt, hat er unterm Strich auch wieder 6 Wochen Urlaub. Gar nicht so dumm diese Formel.

Da ich schon 3 Wochen Urlaub (= 12 Urlaubstage) hatte, bleiben mir folglich keine 4,5 Wochen Resturlaub mehr. Schade. Ich werde dann wohl meinen Urlaubsantrag überarbeiten und die restlichen 12 Urlaubstage = 3 Wochen im Dezember nehmen. Passt, da ist eh die Weihnachtsfeier anberaumt. Und ich bin zuversichtlich, dass der Chef nach meinem Fauxpas im letzten Jahr nichts dagegen haben wird, wenn ich dieses Jahr die Weihnachtsfeier urlaubsbedingt leider verpassen werde. Ein Jammer.

7.4 BERECHNE, OB SICH DAS GLÜCKSRAD LOHNT

Es war Sonntagvormittag. Draußen schüttete es in Strömen, was mein schlechtes Gewissen, den Tag auf der Couch zu verbringen, auf ein Minimum reduzierte. Die neueste Staffel von *Black Mirror* war endlich auf Netflix verfügbar. Ich zählte akribisch durch, was ich für die nächsten Stunden alles benötigen würde. Vorher auf Toilette gewesen? Ja! Rollo halb unten? Ja! Decke? Ja! Fernbedienung? Ja! Kaffee? Ja! Sprudel? Ja! Schokolade und saure Gummibärchen? Oooh jaaa! Perfekt. Die nächsten Stunden werde ich mich wie das faulste Faultier auf keinen Fall vom Fleck bewegen.

Gerade als ich meinen Arm Richtung Fernseher streckte, um mit der Fernbedienung die langersehnte Folge 1 der neuen Staffel zu starten, vibrierte mein Handy. »Diego – Mitteilung« – von WhatsApp – leuchtete auf meinem Sperrbildschirm. »Wirklich jetzt?«, sagte ich zu mir, öffnete mein Handy und spielte seine Sprachnachricht ab. Seine Nachricht begann mit den Worten: »Diego, ich habe ein kleines Problem.« Er erklärte mir in den folgenden zwei Minuten, dass der Tennisverein sein jährliches Sommerfest ausrichtet und er ein Glücksrad aufstellen möchte, um die Vereinskasse etwas aufzubessern.

Solltest du dich übrigens gerade wundern, warum wir uns gegenseitig Diego nennen, habe ich leider keine wirklich brauchbare Antwort. Sein Name ist eigentlich Alex und wir sind seit über 30 Jahren gute Freunde. Im Jugendalter haben wir uns aus unerfindlichen Gründen ein paarmal mit dem Spitznamen Diego angesprochen – und der hält sich bis heute hartnäckig. Den Blick unserer Frauen, wenn wir uns Diego nennen, brauche ich dir nicht näher zu beschreiben. Seit ein paar Jahren ist Alex 1. Abteilungsleiter im Tennisverein und engagiert sich dort ehrenamtlich. Gut, dass er es nicht beruflich macht, denn sein Glücksrad hätte ein tennisballgroßes Loch in die Vereinskasse gerissen. Aber dazu kommen wir noch.

Am Ende seiner Sprachnachricht bat er mich jedenfalls um meine Einschätzung, ob sich das Glücksrad für den Verein lohnen würde. Seiner Nachricht folgte eine Bleistiftzeichnung, ebenfalls per WhatsApp, mit einer Skizze des Glücksrads. Dort hatte er bereits ein paar Worte und Preise hineingekritzelt. Ganz wichtig noch: Jeder der am Glücksrad drehen möchte, muss vorab 50 Cent bezahlen. Gewinnt man also ein Getränk im Wert von 2 Euro, hat man nur 1,50 Euro gewonnen, da im Vorfeld ja 50 Cent entrichtet werden mussten.

Ich sah mir die Skizze genauer an und ahnte sofort, dass man mit dem Erwartungswert aus der Stochastik das Ganze recht fix berechnen können sollte. Hierzu braucht man nur ein paar Grundkenntnisse von Wahrscheinlichkeiten (siehe Abschnitt 2.7) und eine kleine Tabelle, in der man die Auszahlungen und zugehörigen Wahrscheinlichkeiten darstellt. In der Stochastik heißt diese Tabelle Wahrscheinlichkeitsverteilung. Ich könnte jetzt umfangreich über Zufallsgrößen schreiben und warum jede Wahrscheinlichkeitsverteilung eine Funktion ist, die den Ergebnissen eines Zufallsexperi-

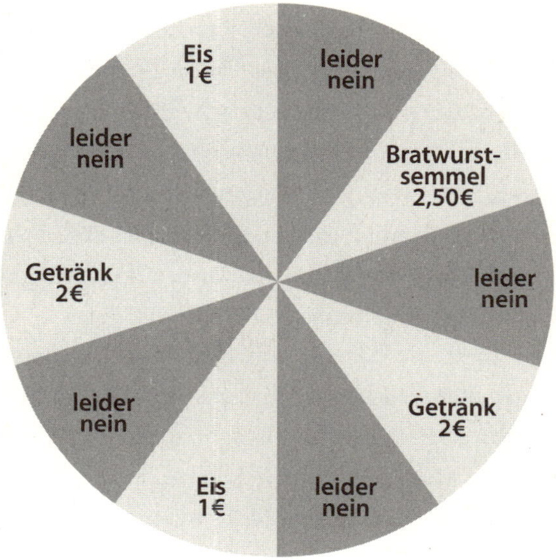

ments ihre Wahrscheinlichkeit zuordnet und gleichzeitig die Axiome von Kolmogorow erfüllt. Das würde den Rahmen des Buchs jedoch ganz sicher sprengen. Außerdem möchtest du wahrscheinlich keine Seminararbeit darüber schreiben. Gönnen wir uns also einen mathematischen Cheatday und bleiben einfach bei unserer kleinen Tabelle.

Zunächst klären wir aber, was der Erwartungswert ist.

Mathe-Reminder

Der Erwartungswert:
Der Wert einer Zufallsgröße (in unserem Beispiel ist das der Gewinn am Glücksrad), der sich bei genügend häufiger Durchführung eines Zufallsexperiments im Mittel einstellt, heißt Erwartungswert.

Vereinfacht ausgedrückt berechnet uns der Erwartungswert den durchschnittlichen Gewinn, den wir beim Drehen des Glücksrads erzielen können, wenn wir sehr oft drehen. Oder kurz gesagt, den durchschnittlichen Gewinn pro Drehversuch.

Ist der Erwartungswert positiv, lohnt sich das Spiel für den Spieler. Ist der Erwartungswert negativ, verliert man auf lange Sicht. Ist der Erwartungswert 0, ist das Spiel fair, weil auf lange Sicht niemand einen Gewinn oder Verlust macht.

Stellen wir nun die Tabelle auf, mit der wir später recht unkompliziert unseren Erwartungswert bekommen. Oben, in der ersten Zeile, tragen wir die jeweils möglichen Gewinne ein. Aber Achtung, wir müssen wie bereits beschrieben (nach dem Prinzip Gewinn = Einnahmen – Ausgaben) jeweils 50 Cent abziehen, um die korrekten Gewinne zu ermitteln. Unten, in der zweiten Zeile, stehen dann die zugehörigen Wahrscheinlichkeiten, mit der wir die jeweiligen Gewinne erzielen können. Diese Wahrscheinlichkeit hängt natürlich davon ab, wie oft ein Gewinn in den zehn Möglichkeiten auf dem Glücksrad vorkommt. Unsere Tabelle könnte dann wie folgt aussehen:

Gewinn	0 € - 0,50 € = -0,50 €	1 € - 0,50 € = 0,50 €	2 € - 0,50 € = 1,50 €	2,50 € - 0,50 € = 2 €
Wahrscheinlichkeit	$\frac{5}{10} = 0{,}5$	$\frac{2}{10} = 0{,}2$	$\frac{2}{10} = 0{,}2$	$\frac{1}{10} = 0{,}1$

Zahlt man 50 Cent und gelangt beim Glücksrad beispielsweise auf das Feld »leider nein«, hat man 50 Cent verloren, man hat also einen negativen Gewinn erzielt. Da auf insgesamt fünf von zehn Feldern »leider nein« steht, beträgt die Wahrscheinlichkeit $\frac{5}{10} = 0{,}5 = 50\,\%$, dass du 50 Cent verlierst. Voraussetzung ist natürlich, dass alle Felder gleich wahrscheinlich gedreht werden können, also alle Felder gleich groß sind.

Schauen wir uns noch einen zweiten Fall zum besseren Verständnis an. Kommt man beim Glücksrad beispielsweise auf das Feld »Bratwurstsemmel«, gewinnt man 2 Euro (2,50 € - 50 ct). Da nur auf einem der insgesamt zehn Felder »Bratwurstsemmel« steht, beträgt die Wahrscheinlichkeit $\frac{1}{10} = 0{,}1 = 10\,\%$, dass du 2 Euro gewinnst. Berechnen wir nun den Erwartungswert.

Mathe-Reminder

Berechnung Erwartungswert:
Beim Erwartungswert (nennen wir ihn E) werden die Werte, die eine Zufallsvariable annehmen kann (in unserem Beispiel wieder die einzelnen Gewinne), mit der zugehörigen Wahrscheinlichkeit multipliziert. Anschließend addiert man die einzelnen Ergebnisse auf.

Multipliziert und addiert ergibt sich mit den Werten aus unserer Tabelle folgender Erwartungswert:

$$E = -0{,}5\,€ \cdot 0{,}5 + 0{,}5\,€ \cdot 0{,}2 + 1{,}5\,€ \cdot 0{,}2 + 2\,€ \cdot 0{,}1 = 0{,}35\,€ = 35\text{ ct}$$

Im Schnitt gewinnt man also 35 Cent pro Drehversuch. Eigentlich 85 Cent, aber man muss ja pro Drehversuch auch 50 Cent löhnen, was hier schon eingepreist ist. Natürlich ist es nicht möglich, mit nur einem Drehversuch 35 Cent zu gewinnen. Wenn man aber sehr oft dreht und sich die Gewinne notiert und am Ende noch durch die Anzahl der Drehversuche teilt (also Berechnung eines Mittelwerts) wird man ziemlich genau 35 Cent erhalten. Das bedeutet aber leider gleichzeitig, dass der Tennisverein durchschnittlich 35 Cent pro Drehversuch verliert. Die Vereinskasse wäre also am Ende leerer als vor dem Sommerfest. Ich habe Diego dann eine Sprachnachricht mit kurzer Erklärung zurückgeschickt und ihm empfohlen, den Preis pro Drehversuch auf wenigstens 1 Euro hochzusetzen – das würde der Vereinskasse im Schnitt 15 Cent pro Drehversuch bringen. Draußen schüttete es immer noch, aber endlich konnte ich mich *Black Mirror* und den sauren Gummibärchen zuwenden.

7.5 SO VIEL LEBENSZEIT KOSTET DICH JEDE EINZELNE ZIGARETTE

Das Ergebnis am Ende wird dich wahrscheinlich überraschen – so viel kann ich schon einmal verraten. Im Abschnitt 5.5 haben wir uns bereits mit den Kosten auseinandergesetzt. Bei den im Buch getroffenen Annahmen hätte man am Ende seiner Lebenszeit durchschnittlich über 300.000 Euro mehr, wenn man seine Ersparnisse nicht verqualmt, sondern über die Laufzeit passiv am Kapitalmarkt investiert. In diesem Abschnitt möchte ich konkret auf die verlorene Lebenszeit eingehen. Damit meine ich nicht die Zeit, die man für das Rauchen aufbringen muss. Das wäre noch einmal ein anderer Blickwinkel. Ich meine die Zeit, die uns am Ende auf unserem Lebenszeitkonto abgezogen wird, weil man früher stirbt. Am Ende möchte ich mit dir sogar zusammen ausrechnen, wie viel Lebenszeit uns in der Theorie jede einzelne Zigarette kostet. Ich finde diesen Wert deutlich eindrucksvoller.

Wenn du möchtest, bist du herzlich eingeladen, dir zunächst selbst Gedanken zu machen, wie man diesen Wert ausrechnen könnte und welche Zahlen man dazu vorab recherchieren müsste.

Leider weichen die Aussagen unterschiedlicher Studien teilweise deutlich voneinander ab. Das liegt meistens an unterschiedlichen Datengrundlagen. Wie du vielleicht schon vermutet hast, hängt es stark davon ab, wie viele Zigaretten jemand raucht und über welchen Zeitraum. Aber auch das Geschlecht spielt bei der erwarteten Lebenszeit eine Rolle. Ich bin daher ein Fan davon, lieber etwas vorsichtig zu rechnen. Das bedeutet in unserem Fall, dass die verlorene Lebenszeit am Ende sogar tendenziell höher sein müsste. Für unsere Modellierung sollten zwei Werte als Datengrundlage ausreichen. Einerseits wäre es sicherlich hilfreich zu wissen, wie viele Jahre ein aktiver Raucher durchschnittlich an Lebenszeit einbüßt. Andererseits müssen wir einen täglichen Zigarettenkonsum für unsere Modellierung festlegen.

Das Deutsche Krebsforschungszentrum schreibt auf seiner Homepage, dass ein Mann etwa 9,4 Jahre an Lebenserwartung verliert, wenn er über 10 Zigaretten täglich raucht – eine Frau verliert 7,3 Jahre. Bei unter 10 Zigaretten täglich verlieren beide Geschlechter immerhin noch 5 Jahre Lebenszeit.[48]

Der durchschnittliche Zigarettenkonsum variiert in verschiedenen Altersgruppen – auch geschlechtsabhängig. Über alle Altersgruppen hinweg und unabhängig vom Geschlecht kann man etwa 11 Zigaretten pro Tag annehmen. Bereits in Abschnitt 5.5 haben wir sicherheitshalber nur einen durchschnittlichen Zigarettenkonsum von 10 Zigaretten täglich angenommen. Das wollen wir in diesem Abschnitt auch tun. Bei 10 Zigaretten täglich müssten wir folglich eine Reduzierung der Lebenszeit von etwa 9,4 Jahren bei Männern und 7,3 Jahren bei Frauen annehmen. Ich schlage vor, wir kalkulieren auch hier lieber etwas vorsichtig und nehmen nur durchschnittlich 7 Jahre an, und zwar unabhängig vom Geschlecht.

Die Rechnung stellt ab jetzt kein großes Problem mehr da. Als Erstes rechnen wir aus, wie viele Zigaretten ein aktiver Raucher im

Laufe seines Lebens konsumiert. Die Werte, die ich der Seite des Deutschen Krebsforschungszentrums entnommen habe, gehen von einer 40-jährigen Person aus, die noch etwa 40 weitere Jahre raucht. Ich vermute, dass ein Großteil dieser Personengruppe bereits vor dem 40. Lebensjahr mit dem Rauchen begonnen hat. Wir können also in einer zweiten Rechnung auch noch mit beispielsweise 50 Jahren modellieren.

$\text{Anzahl Zigaretten}_{40\text{ Jahre}} = 40 \cdot 365 \cdot 10 \text{ Zigaretten} = 146.000 \text{ Zigaretten}$

$\text{Anzahl Zigaretten}_{50\text{ Jahre}} = 50 \cdot 365 \cdot 10 \text{ Zigaretten} = 182.500 \text{ Zigaretten}$

Aufgrund der zahlreichen Durchschnittswerte und Schätzungen habe ich bewusst Schaltjahre ignoriert. Es würde das Ergebnis ohnehin nur geringfügig beeinflussen. Du darfst selbstverständlich noch 10 oder 12 Tage hinzurechnen, wenn du das möchtest. Außerdem kannst du die Rechnung gerne individualisieren, indem du deinen persönlichen Rauchkonsum (oder den eines Bekannten) in der Rechnung verwendest. Wenn wir am Ende herausfinden wollen, wie viele Minuten uns jede einzelne Zigarette an Lebenszeit kostet, müssen wir noch die durchschnittliche Reduzierung der Lebenszeit (7 Jahre) in Minuten umrechnen.

$7 \text{ Jahre} = 7 \cdot 365 \cdot 24 \cdot 60 \text{ Minuten} = 3.679.200 \text{ Minuten}$

Fast fertig. Der Quotient aus eingebüßten Minuten und Anzahl der Zigaretten liefert uns das Ergebnis.

$$\text{Lebenszeitverlust}_{40\text{ Jahre}} = \frac{3.679.200 \text{ Minuten}}{146.000 \text{ Zigaretten}} = 25{,}2 \text{ Minuten/Zigarette}$$

$$\text{Lebenszeitverlust}_{50\text{ Jahre}} = \frac{3.679.200 \text{ Minuten}}{182.500 \text{ Zigaretten}} = 20{,}16 \text{ Minuten/Zigarette}$$

Also etwa 25 Minuten pro Zigarette, wenn man 40 Jahre lang raucht, und etwa 20 Minuten pro Zigarette, wenn man die eingebüßte Lebenszeit auf 50 Jahre verteilt.

Sei ehrlich: Hättest du über 20 Minuten pro Zigarette vermutet? Die Werte sind, wie bereits geschrieben, stark von der Datengrundlage abhängig. Wenn beispielsweise jemand 50 Jahre raucht, kann der Lebenszeitverlust auch höher als 7 Jahre sein. Damit wäre das Ergebnis auch mehr als 20,16 Minuten pro Zigarette. Gleichzeitig habe ich auch schon im Internet gelesen, dass eine Zigarette »nur« 7 Minuten Lebenszeit kostet. Allerdings war hier keine Datengrundlage beschrieben.

Man muss umgekehrt auch sagen: Wer mit dem Rauchen aufhört, gewinnt über die Jahre verlorene Lebenszeit zurück. Dazu gibt es eindeutige Studien. Die dargestellte Mathematik bezieht sich in erster Linie also auf Raucher, die den Glimmstängel erst aus der Hand legen, wenn der letzte Vorhang fällt. Und der fällt dann eben viele Jahre früher, als es hätte sein müssen. Aber selbst nach 30 Jahren Rauchen kann man mit 20 oder auch nur 10 Jahren Abstinenz wieder enorm »aufholen«.

Ich möchte mich hier sicherlich nicht als Moralapostel in den Vordergrund drängen. Vor allem nicht in Sachen Gesundheitsfragen. Wie bereits in diesem Buch geschrieben, vernichte ich phasenweise so viele Süßigkeiten, dass sie meine Frau vor mir verstecken muss. Backschokolade eingeschlossen. Zwei Dinge würde ich aber gerne noch einmal betonen. Mich hat das Ergebnis von über 25 Minuten selbst sehr überrascht. Damit habe ich (Achtung: Wortwitz) selbst nicht gerechnet. Ich finde, man kann dadurch noch einmal deutlicher nachvollziehen, welche Auswirkungen das Rauchen auf unsere Gesundheit hat, als wenn man irgendwo einfach nur »7 Jahre« liest. Außerdem fand ich es recht spannend, dass man mit simplen Werkzeugen aus der Mathematik diese Frage beantworten konnte.

Und in meinen Augen ist nahezu jeder in der Lage, diese und ähnliche Fragen aus dem Alltag künftig selbstständig zu beantworten.

Mehr wollte ich mit meinem Buch nicht erreichen.

7.6 AUFGABEN ZUM ÜBEN UND INTENSIVIEREN

Aufgabe 26:

Im Bürgerlichen Gesetzbuch (BGB) § 971 Finderlohn heißt es: Der Finderlohn beträgt von dem Wert der Sache bis zu 500 Euro fünf vom Hundert, von dem Mehrwert drei vom Hundert, bei Tieren drei vom Hundert. Hat die Sache nur für den Empfangsberechtigten einen Wert, so ist der Finderlohn nach billigem Ermessen zu bestimmen.

Du findest einen Geldbeutel in der U-Bahn, indem sich 640 Euro befinden. Welcher Finderlohn würde dir nach BGB zustehen, wenn der Materialwert und sonstige Inhalte des Geldbeutels (außer das Geld natürlich) vernachlässigt werden dürfen?

Aufgabe 27:

Im Internet liest man häufiger vom »Schläger-Ball-Rätsel«, das angeblich auch schon in Einstellungstests und IQ-Tests zum Einsatz kam:

Ein Schläger und ein Ball kosten zusammen 1,10 Euro. Der Schläger kostet einen Euro mehr als der Ball. Wie viel kostet der Ball? Tipp: Traue nicht deiner Intuition. Idealerweise findest du sogar noch eine rechnerische Begründung.

Aufgabe 28:

Wie viel kostet ein Vollbad? Erstelle eine geeignete Modellierung.

Aufgabe 29:

Zum Abschluss gibt es noch ein Logikrätsel:
In einer düsteren Höhle leben Logik-Zwerge, die entweder eine blaue oder eine grüne Mütze tragen. Ihre Anzahl ist ihnen unbekannt. Einmal pro Jahr dürfen sie die Höhle verlassen und werden vor eine Herausforderung gestellt. Wenn sie diese bewältigen, werden sie freigelassen. Falls sie jedoch scheitern, müssen sie zurück in die Dunkelheit. In diesem Jahr lautet die Aufgabe wie folgt: Die Zwerge sollen sich so aufstellen, dass diejenigen mit blauen Mützen auf einer Seite stehen und diejenigen mit grünen Mützen auf der anderen. Es gibt jedoch einen Haken, nämlich dass keiner der Zwerge die Farbe seiner eigenen Mütze sehen kann. Außerdem ist es den Zwergen untersagt, miteinander zu kommunizieren, sei es durch Worte oder Gesten, und sie dürfen auch keine Hilfsmittel wie Spiegel verwenden. Aber sie dürfen ihren scharfen Verstand einsetzen. Erstaunlicherweise schaffen sie es, sich sofort in zwei Gruppen entsprechend der Mützenfarbe aufzustellen. Wie haben sie das nur gemacht?

SCHLUSSWORT – WAS, SCHON VORBEI?!

Das waren sie, meine 40 kurzen Lektionen aus der Welt der Mathematik. Ich hoffe, ich konnte dir etwas Freude mit meinem Buch bereiten und dir die Antwort auf die Frage »Und was bringt mir das jetzt?« liefern.

Die Welt der Mathematik ist jedoch noch so viel größer. Sie bietet eine schier unendlich große Palette an spannenden und unterhaltsamen Fakten und Anwendungsmöglichkeiten. Am Ende hat jedes Buch aber leider nur begrenzt Platz.

Lass mich daher mit einem kleinen Appell abschließen: Ich möchte dich dafür begeistern, getreu dem Motto »Use it or lose it«, Mathematik wieder bewusst im Alltag anzuwenden. Denn nur wer seine Fähigkeiten auch regelmäßig in der Arena des Lebens einsetzt, bleibt »frisch im Kopf«. Der Alltag bietet uns dabei viele Chancen und Möglichkeiten. Einige Beispiele habe ich dir in diesem Buch vorgestellt. Wer mit offenen Augen durchs Leben geht, wird sicherlich eine Vielzahl weiterer Alltagsbeispiele entdecken.

Dieses Buch muss daher keineswegs im Regal verstauben. Ganz im Gegenteil. Es eignet sich hervorragend als Nachschlagewerk. Wenn du deinem Kind bis zur achten Klasse selbst noch in Mathe helfen möchtest oder dein logisches Denkvermögen nicht einrosten soll oder du vergleichbare Probleme aus der Mathematik künftig selbst lösen möchtest, wirst du in diesem Buch immer wieder fündig. Außerdem hast du in einigen Kapiteln erfahren, wie man mathematische Fragestellungen modellieren kann. Diese Herangehensweise lässt sich auf andere Beispiele leicht übertragen.

Ich lade dich außerdem herzlich ein, auch auf Social Media unter *MatheMitNick* meine Inhalte zu verfolgen (Instagram, Facebook, TikTok, YouTube). Dort lebe ich meine Passion aus, als Mathe-Botschafter möglichst viele Menschen mit spannenden Kurzvideos für Mathematik zu begeistern. Vielleicht sehen wir uns dort wieder. Ich würde mich freuen.

Alles Gute!
Dein Nick

ANHANG

DANKSAGUNG

Auch wenn ich auf dem Buchcover abgebildet bin, ist ein Buch immer ein Werk von vielen. Ich möchte mich daher zuallererst bei meiner Community bedanken, die mich seit Jahren unterstützt, inspiriert und zu Höchstleistungen motiviert. Ohne euch wäre das alles nicht möglich!

Außerdem danke ich meiner wundervollen Frau Carina, die mich in allen Lebenslagen unterstützt und mir stets den Rücken freihält. Ich liebe dich.

Natürlich möchte ich mich auch bei meinem Verlag für die freundschaftliche Zusammenarbeit bedanken – insbesondere bei Sandra, die das ganze Buchprojekt als meine Ansprechpartnerin begleitet hat.

Abschließend möchte ich mich bei allen im Buch vorkommenden Personen bedanken. Ohne die tollen Erlebnisse mit euch würden viele Abschnitte in diesem Buch fehlen.

Herzlichen Dank!

QUELLEN

1 https://www.tagesspiegel.de/wissen/das-genie-der-wahnsinn-6580336.html
2 https://www.kakadu.de/woher-kommen-zahlen-100.html#:~:text=In%20Deutschland%20nutzen%20wir%20die,erst%20seit%20etwa%20700%20Jahren.
3 https://de.wiktionary.org/wiki/bin%C3%A4r#:~:text=Herkunft%3A,Jahrhundert%20belegt
4 https://de.wikipedia.org/wiki/Primzahl
5 https://www.spiegel.de/wissenschaft/mensch/mathematik-die-raetselhaften-zahlenspiele-der-natur-a-394616.html
6 https://www.scinexx.de/dossierartikel/wozu-sind-primzahlen-gut/
7 https://de.wikipedia.org/wiki/Fakult%C3%A4t_(Mathematik)
8 https://de.wikipedia.org/wiki/R%C3%B6mische_Zahlschrift
9 https://de.wikipedia.org/wiki/R%C3%B6mische_Zahlschrift
10 https://de.wikipedia.org/wiki/Sechshundertsechsundsechzig#:~:text=(%CE%92%CE%B5%CE%BD%CE%B5%CE%B4%CE%AF%CE%BA%CF%84%CE%BF%CF%82).,Z%C3%A4hlweise%20die%20Summe%20666%20erg%C3%A4be.
11 https://de.wikipedia.org/wiki/David_Hilbert
12 https://de.wikipedia.org/wiki/Infinite-Monkey-Theorem
13 https://karrierebibel.de/infinite-monkey-theorem/
14 https://www.edeka.de/rezepte/rezept/rote-fruechte-bowle.jsp
15 https://infothek-gesundheit.de/homoeopathische-potenzen-in-der-uebersicht/#:~:text=Stufen%20der%20Potenzierung%20in%20der%20Hom%C3%B6opathie&text=Die%20C%2DPotenz%20entspricht%20beispielsweise,zehnmal%20verrieben%20oder%20versch%C3%BCttelt%20werden.
16 https://www.google.com/search?q=umfang+erde&rlz=1C1DIMC_enDE803DE803&oq=umf&aqs=chrome.0.69i59j69i57j0i20i263i433i512j0i131i433i512j0i20i263i433i512j0i433i512j0i512l2j0i433i512j0i131i433i512.1363300j1j15&sourceid=chrome&ie=UTF-8
17 https://www.obi.de/magazin/garten/pool/welcher-pool
18 https://www.tk.de/techniker/magazin/ernaehrung/trinken/wie-viel-wasser-soll-man-taeglich-trinken-2004796?tkcm=aaus
19 https://www.autobild.de/artikel/faustformeln-fuehrerschein-14743691.html
20 https://de.wikipedia.org/wiki/Statista
21 https://de.statista.com/statistik/daten/studie/288922/umfrage/durchschnittliche-lebensverdienste-in-deutschland-nach-bildungsabschluss/
22 https://www.test.de/FAQ-Wasser-ist-Leitungswasser-besser-als-Mineralwasser-4745742-4745758/
23 https://www.blitzrechner.de/wasserkosten/#:~:text=Was%20kostet%20ein%20Kubikmeter%20Wasser,von%20durchschnittlich%202%2C36%20%E2%82%AC
24 https://www.handelsblatt.com/politik/deutschland/finanzamt-verzicht-auf-steuererklaerung-bringt-dem-fiskus-eine-milliarde-euro/27857562.html
25 https://www.destatis.de/DE/Themen/Staat/Steuern/Lohnsteuer-Einkommensteuer/im-fokus-steuererklaerung.html#:~:text=Davon%20erhielten%2012%2C6%20Millionen,geringer%20als%20100%20Euro%20aus
26 https://www.steuerbot.com/ratgeber/steuerwissen/rueckwirkende-steuererklaerung

27 https://www.bundesgesundheitsministerium.de/service/begriffe-von-a-z/r/rauchen.html#:~:text=In%20Deutschland%20rauchen%20insgesamt%2023,in%20der%20Raucherquote%20zu%20beobachten

28 https://de.statista.com/statistik/daten/studie/377779/umfrage/preis-einer-schachtel-zigaretten-in-deutschland/#:~:text=Zigaretten%3A%20Preis%20einer%20Schachtel%20in%20Deutschland%20bis%202023&text=Was%20kosten%20Zigaretten%3F,der%20Zigarettenpreis%20damit%20kontinuierlich%20an

29 https://www.zigarettenverband.de/themen/zahlen-und-fakten/zigarettenpreise#:~:text=Als%20Beispiel%20f%C3%BCr%20die%20Berechnung,und%201%2C28%20Euro%20Mehrwertsteuer

30 https://www.destatis.de/DE/Presse/Pressemitteilungen/2021/07/PD21_331_12621.html#:~:text=331%20vom%209.%20Juli%202021,neugeborene%20Jungen%2078%2C6%20Jahre.

31 https://www.finanztip.de/indexfonds-etf/msci-world/#:~:text=Der%20Aktienindex%20MSCI%20World%20b%C3%BCndelt,rund%209%20Prozent%20j%C3%A4hrlich%20erzielen

32 https://www.verbraucherzentrale.de/wissen/energie/erneuerbare-energien/eeg-2023-das-hat-sich-fuer-photovoltaikanlagen-geaendert-75401

33 https://www.verbraucherzentrale.nrw/sites/default/files/2019-09/brosch%C3%BCre-solaranlage-batteriespeicher-kaufen-kosten-f%C3%B6rderung.pdf

34 https://www.verbraucherzentrale.de/aktuelle-meldungen/energie/was-kostet-eine-photovoltaikanlage-49155

35 https://www.eon.de/de/pk/solar/kwp-bedeutung-umrechnung.html

36 https://www.adac.de/rund-ums-fahrzeug/auto-kaufen-verkaufen/autokosten/uebersicht/

37 https://www.bfs.de/DE/themen/opt/uv/schutz/sonnencreme/sonnencreme.html

38 https://www.focus.de/gesundheit/ratgeber/haut/vorbeugung/richtig-sonnen-fuenf-fakten-zum-sonnenschutz_id_1315704.html#:~:text=Was%20genau%20sagt%20der%20Lichtschutzfaktor,Minuten%20mal%20Faktor%2030%20%E2%80%93%20gesch%C3%BCtzt.

39 https://www.deutsche-apotheker-zeitung.de/daz-az/2018/daz-13-2018/sonnenschutz-ist-alles

40 https://www.test.de/Test-Sonnencreme-und-Sonnenspray-fuer-Erwachsene-4868984-0/?wt_mc=paid.sea.google.dl.test-sonnencreme-und-sonnenspray.&gclid=CjwKCAjwyeujBhA5EiwA5WD7_db94wHGj8yxD7At3n6DKZSWcLtFD8Wm7m4HKVKbk-dzPdeaL6r2GBoC2Y4QAvD_BwE

41 https://www.chemie.de/lexikon/Grundumsatz.html#:~:text=Nach%20dieser%20Faustformel%20berechnet%20sich,berechnete%20Wert%20um%2010%25%20gemindert.

42 https://fet-ev.eu/energiebedarf-energieverbrauch/

43 https://www.welt.de/vermischtes/article1599091/Sylvester-Stallone-schluckt-Wachstumshormone.html#:~:text=In%20der%20vierten%20Auflage%20seines,ausschlie%C3%9Flich%20verschreibungspflichtige%20Wachstumshormone%2C%20betonte%20Stallone

44 https://adipositas-gesellschaft.de/bmi/

45 https://www.umm.de/chirurgische-klinik/leistungsspektrum/adipositaschirurgie/body-mass-index/

46 https://www.navigator-medizin.de/gesundheitsthemen/kindergesundheit/wachstum/groesse-wachstum-wachstumsschuebe.html

47 https://www.edenfood.de/fuetterungsempfehlung-hund#:~:text=In%20der%20Regel%20kann%20man,bis%20zu%205%20%25%20umgerechnet%20werden

48 https://www.dkfz.de/de/presse/pressemitteilungen/2014/dkfz-pm-14-38-Was-uns-Lebensjahre-raubt.php#:~:text=Auch%20ein%20moderater%20Konsum%20von,noch%20um%20etwa%20f%C3%BCnf%20Jahre

Alle Quellen wurden abgerufen am 13.12.2023.

LÖSUNGEN

Aufgabe 1:

a) $2356 = 2 \cdot 10^3 + 3 \cdot 10^2 + 5 \cdot 10^1 + 6 \cdot 10^0$

b) $10011 = 1 \cdot 2^4 + 0 \cdot 2^3 + 0 \cdot 2^2 + 1 \cdot 2^1 + 1 \cdot 2^0 = 19$

Aufgabe 2:

Woher wusstest du, dass es in Frankreich Feigen gibt? ;)

Nehmen wir an, du hast die Zahl 6 genommen.

$6 \cdot 9 = 54$

$54 + 800 = 854$

Die Quersumme von 854 ergibt 8 + 5 + 4 = 17 (an dieser Stelle kommt unabhängig davon, welche Zahl du gewählt hast, immer 17 heraus)

$17 - 11 = 6$

Wenn A = 1 und B = 2 entspricht, würde F = 6 entsprechen.

Land um Deutschland mit Anfangsbuchstabe F: Frankreich

Frucht mit Anfangsbuchstabe F: Feige

Aufgabe 3:

Beim Spielstand von 7 zu 5 wurden insgesamt 7 + 5 = 12 Aufschläge gemacht. 12 ist durch 3 teilbar, weil die Quersumme von 12 durch 3 teilbar ist (1 + 2 = 3 und 3 ist durch 3 teilbar). Damit findet auf jeden Fall ein Aufschlagwechsel statt und Nina ist an der Reihe.

Aufgabe 4:

a) MDCCVIII entspricht dem Wert

$1000 + 500 + 100 + 100 + 5 + 1 + 1 + 1 = 1708$

Um zu prüfen, ob 1708 durch 7 teilbar ist, müssen wir das Doppelte der letzten Ziffer von der restlichen Zahl abziehen und dieses Vorgehen ggf. mehrmals wiederholen.

Die letzte Ziffer von 1708 ist 8.

$8 \cdot 2 = 16$

$170 - 16 = 154$

Die letzte Ziffer von 154 ist 4.

$4 \cdot 2 = 8$

$15 - 8 = 7$

7 ist durch 7 teilbar und damit ist 1708 auch durch 7 teilbar.

b) $4! - 1 = 4 \cdot 3 \cdot 2 \cdot 1 - 1 = 23$

23 ist eine Primzahl.

Aufgabe 5:

Wenn 16 Fahrer das Ziel erreichen, gibt es 16! bzw. 20.922.789.888.000 verschiedene Platzierungen im Rennergebnis. Kurze Begründung: Fahrer A hat theoretisch 16 Platzierungen »zur Auswahl«. Nehmen wir an, er landet auf Platz 4. Fahrer B hat dann nur noch 15 Platzierungen zur Auswahl, die am Ende möglich sind. Fahrer C hat dann noch 14 Möglichkeiten usw.

Am Ende gibt es also $16 \cdot 15 \cdot 14 \cdot \ldots \cdot 1 = 16!$ Möglichkeiten (vergleiche Bierbank-Beispiel, Abschnitt 1.5). Bei nur 16 Fahrern haben wir also zwanzig Billionen neunhundertzweiundzwanzig Milliarden siebenhundertneunundachtzig Millionen achthundertachtundachtzigtausend Möglichkeiten. Ziemlich unglaublich, aber es ist so. Dein Taschenrechner wird diese Zahl wahrscheinlich nicht verkraften, aber du kannst dich ja mal an der Hälfte der Multiplikationen versuchen. Damit landest du bereits im Milliardenbereich. Probiere es ruhig aus.

Aufgabe 6:

Dezimal	Prozent	Bruch
0,33	33 %	$\frac{33}{100}$
0,08	8 %	$\frac{8}{100}$
0,2 = 0,20	20 %	$\frac{20}{100}$
0,44	44 %	$\frac{11}{25} = \frac{11 \cdot 4}{25 \cdot 4} = \frac{44}{100}$

Aufgabe 7:

a) $\frac{10\,\% + 14\,\% + 9\,\%}{3} = 11\,\%$

b) In Etappe 2 hat der Berg eine durchschnittliche Steigung von 14 Prozent. Er steigt also auf eine Entfernung von 100 Metern um 14 Meter an ($\frac{14}{100} = 0{,}14 = 14\,\%$). Auf eine Entfernung von 300 Metern steigt der Berg entsprechend um $3 \cdot 14$ m = 42 m an.

Aufgabe 8:

a) $\left(\frac{3}{5} + \frac{1}{4}\right) \cdot \frac{2}{3} = \left(\frac{3 \cdot 4}{5 \cdot 4} + \frac{1 \cdot 5}{4 \cdot 5}\right) \cdot \frac{2}{3} = \left(\frac{12}{20} + \frac{5}{20}\right) \cdot \frac{2}{3} =$

$\frac{17}{20} \cdot \frac{2}{3} = \frac{34}{60} = \frac{17}{30}$

b) $0{,}75 - \frac{2}{7} : \frac{4}{5} = \frac{3}{4} - \frac{2}{7} \cdot \frac{5}{4} = \frac{3}{4} - \frac{10}{28} = \frac{3 \cdot 7}{4 \cdot 7} - \frac{10}{28} = \frac{21}{28} - \frac{10}{28} = \frac{11}{28}$

Aufgabe 9:

a) $(10\,\%)^2 = \left(\frac{1}{10}\right)^2 = \frac{1}{10} \cdot \frac{1}{10} = \frac{1}{100} = 1\,\%$

b) $W = G \cdot p = 900\text{ kg} \cdot 0{,}43 = 387\text{ kg}$

c) $W = G \cdot p = 54.000\text{ €} \cdot (1 + 8\,\%) = 54.000\text{ €} \cdot 1{,}08 = 58.320\text{ €}$

d) »klein durch groß«:

$p = \frac{54\text{ l}}{180\text{ l}} = 0{,}3 = 30\,\%$

Aufgabe 10:

4 ct = 0,04 €

0,04 € · 60 · 60 · 24 · 365 = 1.261.440 €

(Wir gehen von einem Nicht-Schaltjahr aus.)

Gerundet auf Zehntausender: 1.260.000 € = $1{,}26 \cdot 10^6$ €

Aufgabe 11:

Eine 6 würfelt man mit einer Wahrscheinlichkeit von $\frac{1}{6}$. Die Wahrscheinlichkeit für einen 6er-Pasch ergibt sich multiplikativ, also $p = \frac{1}{6} \cdot \frac{1}{6} = \frac{1}{36} \approx 0{,}028 = 2{,}8\,\%$

Aufgabe 12:

Ein Kreis hat 360°. Wenn dieser in zwölf gleich große Sektoren unterteilt wird, hat jeder Sektor einen Winkel von 360° : 12 = 30°. Der Minutenzeiger steht um 13 Uhr genau auf 12 Uhr, der Stundenzeiger auf 1 Uhr, also exakt einen »Strich« weiter. Da jeder Strich 30° entspricht, schließen die beiden Zeiger einen Winkel von 30° ein.

Aufgabe 13:

Fläche des Raums: $A = 3{,}2\text{ m} \cdot 5\text{ m} = 16\text{ m}^2$

Umrechnung (siehe Abschnitt 2.6): $16\text{ m}^2 = 16 \cdot 100 \cdot 100\text{ cm}^2 = 16 \cdot 10^4\text{ cm}^2 = 160.000\text{ cm}^2$

Aufgabe 14:

a) Wenn die beiden Kreise jeweils einen Radius von 10 Zentimetern aufweisen, hat das Rechteck eine Länge von 4 Radien (bzw. 2 Durchmesser) und eine Breite von 2 Radien (bzw. 1 Durchmesser). Das Rechteck ist also 40 Zentimeter lang und 20 Zentimeter breit.

Flächeninhalt: $A_{Rechteck} = l \cdot b = 40\text{ cm} \cdot 20\text{ cm} = 800\text{ cm}^2$

b) Den Flächeninhalt (dunkelgrau) zwischen dem Rechteck und den beiden Kreisen erhält man, indem man von der Fläche des Rechtecks die Fläche der beiden Kreise abzieht:
$A_{Dunkelgrau} = A_{Rechteck} - 2 \cdot A_{Kreis} = 800 \text{ cm}^2 - 2 \cdot r_2 \cdot \pi$
$= 800 \text{ cm}^2 - 2 \cdot (10 \text{ cm})^2 \cdot \pi \approx 171{,}68 \text{ cm}^2$

Aufgabe 15:

Der gegebene Innenwinkel hat ein Maß von 70°, nennen wir ihn α ($\alpha = 70°$).
Damit ist $\beta = 70°$ (da es sich um ein gleichschenkliges Trapez handelt).
Die Innenwinkelsumme im Trapez (wie in jedem Viereck) beträgt 360°.
Damit gilt für die beiden übrigen Winkel:
$360° - 70° - 70° = 220°$
Also: $\gamma + \delta = 220°$
Da γ und δ ebenfalls im gleichschenkligen Trapez gleich groß sein müssen, ist $\gamma = 110°$ und $\delta = 110°$.

Aufgabe 16:

a) $V_{Zylinder} = r^2 \cdot \pi \cdot h = (2{,}1 \text{ cm})^2 \cdot \pi \cdot 9{,}5 \text{ cm} \approx 131{,}62 \text{ cm}^3$

b) Wenn man die Papprolle hochkant aufschneidet und »ausrollt«, erhält man ein Rechteck. Wir müssen also den Flächeninhalt eines Rechtecks ausrechnen.
Die Länge des Rechtecks entspricht dem Umfang des Kreises von der Grundfläche des Zylinders. Die Breite des Rechtecks entspricht der Höhe des Zylinders, also der Höhe der Papprolle.
$M_{Zylinder} = l \cdot b$
Mit $l = 2 \cdot r \cdot \pi = 2 \cdot 2{,}1 \text{ cm} \cdot \pi$
und $b = h_{Zylinder} = 9{,}5 \text{ cm}$

ergibt sich für $M_{Zylinder} = l \cdot b = 2 \cdot 2{,}1\ cm \cdot \pi \cdot 9{,}5\ cm \approx 125{,}35\ cm^2$

Aufgabe 17:

a) Pink2: $p(x) = 2{,}20\ € \cdot x + 20\ €$
SmallBlue: $s(x) = 1{,}70\ € \cdot x + 25\ €$

b) $p(8) = 2{,}20\ € \cdot 8 + 20\ € = 37{,}60\ €$
$s(8) = 1{,}70\ € \cdot 8 + 25\ € = 38{,}60\ €$
Pink2 wäre bei einem Verbrauch von 8 Gigabyte günstiger.

c) Um festzustellen, für welches Datenvolumen beide Tarife gleich teuer wären, berechnen wir den Schnittpunkt der beiden Funktionen:
$2{,}20\ € \cdot x + 20\ € = 1{,}70\ € \cdot x + 25\ € \ |-20\ €$
$2{,}20\ € \cdot x = 1{,}70\ € \cdot x + 5\ € \ |-1{,}70\ € \cdot x$
$0{,}50\ € \cdot x = 5\ € \ |: 0{,}50\ €$
$x = 10$

Wenn man durchschnittlich ein Datenvolumen von 10 Gigabyte verbraucht, wären beide Tarife gleich teuer. Verbraucht man durchschnittlich weniger als 10 Gigabyte, wäre voraussichtlich Pink2 günstiger, da die Grundgebühr geringer ist. Verbraucht man durchschnittlich mehr als 10 Gigabyte, wäre SmallBlue der günstigere Tarif.

Aufgabe 18:

a) Ein Maler würde doppelt so lange brauchen, also 48 Tage. Hier greift das Prinzip der indirekten Proportionalität. Drei Maler würden entsprechend 16 Tage brauchen.

b) $f(x) = \frac{48}{x}$

c) $f(4) = \frac{48}{4} = 12$
$f(6) = \frac{48}{6} = 8$
$f(12) = \frac{48}{12} = 4$

Aufgabe 19:

a) $h(x) = 0{,}1\ \text{mm} \cdot 2^x$

b) $h(42) = 0{,}1\ \text{mm} \cdot 2^{42} \approx 4{,}4 \cdot 10^{11}\ \text{mm} = 4{,}4 \cdot 10^8\ \text{m}$

c) $4{,}4 \cdot 10^8\ \text{m} = 4{,}4 \cdot 10^5\ \text{km} = 440.000\ \text{km}$

Nach lediglich 42 Faltungen wäre die Dicke des gefalteten Papiers mit 440.000 Kilometern bereits deutlich größer als die Entfernung von der Erde zum Mond (384.400 km).

Aufgabe 20:

Für diese Aufgabe können wir uns erneut die Exponentialfunktion zunutze machen. Nehmen wir an, jemand hat ein Kapital von 5000 Euro investiert (du könntest auch jedes andere Kapital einsetzen). Mit folgender Formel können wir die Kapitalentwicklung kalkulieren:

$K(n) = 5000\ € \cdot 1{,}07^n$

Dabei sind 5000 Euro das Startkapital, also der Anfangsbestand, und $1 + 0{,}07 = 1{,}07$ der Wachstumsfaktor. Wenn man für die Anlagedauer n nun 10 (Jahre) einsetzt, ergibt sich

$K(10) = 5000\ € \cdot 1{,}07^{10} \approx 9.835{,}76\ €$

Als Faustformel kann man sich sehr grob gerundet merken, dass sich das Kapital in etwa nach zehn Jahren bei 7 Prozent Rendite verdoppelt – streng mathematisch betrachtet erreicht man die Verdoppelung aber nicht ganz. Übrigens lässt sich eine echte Verdoppelung deines Vermögens bei 7 Prozent Rendite auch für kein anderes Startkapital nach zehn Jahren erreichen – die 5000 Euro dienen nur der leichteren Veranschaulichung. Das liegt daran, dass $1{,}07^{10} \approx 1{,}97$ ergibt. Damit ist der Faktor etwas kleiner als 2.

Aufgabe 21:

Skonto ist wie ein Rabatt anzusehen. Wenn man 2 Prozent Skonto erhält, bleiben also noch 98 Prozent Restbetrag übrig.

$98\,\% = 0{,}98$

$W = G \cdot p = 6000\ € \cdot 0{,}98 = 5880\ €$

Der Rabatt, wenngleich nicht gesucht, würde $6000\ € \cdot 0{,}02 = 120\ €$ betragen.

Aufgabe 22:

a) $V = a^3 = (22\ m)^3 = 10.648\ m^3$

b) $200.000\ t = 200.000 \cdot 1000\ kg = 200.000.000\ kg = 2 \cdot 10^8\ kg$

Man könnte 200 Millionen Goldbarren zu je 1 Kilogramm herstellen.

Aufgabe 23:

a) Berechnung Gewicht Mann und Frau:

$\text{Gewicht}_{\text{Mann}} = \text{Gewicht}_{\text{Frau}} + 20\ kg$

$\text{Gewicht}_{\text{Mann}} + \text{Gewicht}_{\text{Frau}} = 150\ kg$

$\text{Gewicht}_{\text{Frau}} + 20\ kg + \text{Gewicht}_{\text{Frau}} = 150\ kg$

$2 \cdot \text{Gewicht}_{\text{Frau}} + 20\ kg = 150\ kg \qquad | -20\ kg$

$2 \cdot \text{Gewicht}_{\text{Frau}} = 130\ kg \qquad | : 2$

$\text{Gewicht}_{\text{Frau}} = 65\ kg$

$\text{Gewicht}_{\text{Mann}} = 85\ kg$

$$\text{BMI}_{\text{Frau}} = \frac{\text{Körpergewicht in kg}}{(\text{Körpergröße in m})^2} = \frac{65}{1{,}70^2} \approx 22{,}49$$

$$\text{BMI}_{\text{Mann}} = \frac{\text{Körpergewicht in kg}}{(\text{Körpergröße in m})^2} = \frac{85}{1{,}85^2} \approx 24{,}84$$

b) Grundumsatz (GU) bei einer Frau:

GU = 655,1 + (9,6 · Körpergewicht in kg) + (1,8 · Körpergröße in cm) - (4,7 · Alter in Jahren)

$GU = 655{,}1 + (9{,}6 \cdot 65) + (1{,}8 \cdot 170) - (4{,}7 \cdot 30) = 1444{,}1$

Der Grundumsatz läge nach der Harris-Benedict-Formel bei 1444,1 kcal.

Diesen Grundumsatz muss man für den Gesamtverbrauch noch mit dem PAL-Wert multiplizieren:
$GU \cdot 1{,}8 = 1444{,}1\ \text{kcal} \cdot 1{,}8 = 2599{,}38\ \text{kcal}$

Aufgabe 24:

a) 40 cm = 0,4 m
50 m : 0,4 m = 125
Die Zahnseide reicht also 125 Tage. Das ergibt umgerechnet (125 : 7) 17 Wochen und 1 Tag und reicht somit leicht für eine 8-wöchige Reise.

b) x sei der Verbrauch der Zahnseide in Metern beim Kind.
Verbrauch Vater: 2x
Verbrauch Mutter: 4x
$x + 2x + 4x = 49\ \text{m}$
$7x = 49\ \text{m}\ |\ :7$
$x = 7\ \text{m}$

Das Kind verbraucht 7 Meter, der Vater 14 Meter und die Mutter 28 Meter der Zahnseide.

Aufgabe 25:

Je nach Datengrundlage können verschiedene Ergebnisse entstehen.
Annahmen: Ein Mensch hat in Deutschland eine durchschnittliche Lebenserwartung von etwa 81 Jahren (siehe Abschnitt 5.5). Dieser Wert hat sich aus der durchschnittlichen Lebenserwartung von Mann und Frau ergeben.

$$\bar{x} = \frac{83{,}4\ \text{Jahre} + 78{,}6\ \text{Jahre}}{2} = 81\ \text{Jahre}$$

81 Jahre müssen wir jetzt noch in Tage umrechnen. Da ein Jahr 365 Tage hat, multiplizieren wir im ersten Schritt mit diesem Wert.

81 · 365 Tage = 29.565 Tage

Es wurden allerdings die Schaltjahre noch nicht berücksichtigt. Da jedes vierte Jahr ein Schaltjahr ist, teilen wir die Lebenserwartung durch 4.

81 : 4 = 20,25

Je nachdem, in welchem Jahr man geboren wurde, können in 81 Jahren 21 oder auch 20 Schaltjahre gewesen sein. Nehmen wir der Einfachheit halber 20 Schaltjahre an und addieren deshalb 20 Tage hinzu.

29.565 Tage + 20 Tage = 29.585 Tage

In dieser Modellierung hat ein durchschnittliches Menschenleben 29.585 Tage. Hättest du mehr oder weniger Tage erwartet?

Aufgabe 26:

Die 640 Euro werden zunächst in 500 Euro und 140 Euro aufgeteilt. Bis 500 Euro erhält man 5 Prozent Finderlohn. Für die restlichen 140 Euro erhält man noch 3 Prozent Finderlohn.

W = G · p = 500 € · 0,05 = 25 €

W = G · p = 140 € · 0,03 = 4,20 €

In Summe erhält man (nach BGB) also 25 € + 4,20 € = 29,20 €. In der Realität dürfte der glückliche Verlierer der Geldsumme eher 10 bis 20 Prozent springen lassen, ganz ohne BGB.

Aufgabe 27:

Intuitiv würde man annehmen, dass der Schläger 1 Euro kostet und der Ball 10 Cent. Das ist allerdings falsch, da dann der Schläger lediglich 90 Cent teurer wäre.

Ein mathematischer Ansatz:

Kosten Schläger: S, Kosten Ball: B
B + S = 1,10 €
Da der Schläger exakt einen Euro teurer sein soll als der Ball, kann man schreiben: S = B + 1 €
Daraus ergibt sich folgende Gleichung:
B + B + 1 € = 1,10 € (für S wurde B + 1 € eingesetzt)
2B + 1 € = 1,10 € (für B + B kann man vereinfacht auch 2B schreiben)
Jetzt ziehen wir von beiden Seiten der Gleichung 1 Euro ab:
2B + 1 € - 1 € = 1,10 € - 1 €
2B = 0,10 €
Jetzt teilen wir beide Seiten der Gleichung durch 2:
2B : 2 = 0,10 € : 2
B = 0,05 € = 5 ct
Der Ball kostet also 5 Cent und der Schläger 1,05 Euro.

Aufgabe 28:

Je nach Datengrundlage können verschiedene Ergebnisse entstehen. Die folgenden Kosten sind regional unterschiedlich und von der Art der Energieversorgung (Gas, Öl, Strom) abhängig.
Annahmen: Wir gehen jeweils von einem Vollbad mit 150 Litern Wasser aus.
Frischwasserkosten: 0,16 Cent pro Liter
Abwasserkosten (nicht vergessen!): 0,24 Cent pro Liter
Energiekosten Warmwasseraufbereitung: 1 Euro für 150 Liter Wasser
Pro Vollbad ergeben sich damit folgende Kosten:
Frischwasserkosten: 0,16 ct/l · 150 l = 24 ct
Abwasserkosten: 0,24 ct/l · 150 l = 36 ct
Energiekosten: 1 Euro
Gesamtkosten: 0,24 € + 0,36 € + 1 € = 1,60 €

Nach unseren Annahmen entstehen Kosten von 1,60 Euro pro Vollbad.

Aufgabe 29:

Die Lösung erweist sich als erstaunlich simpel: Ein Zwerg tritt vor die anderen, gefolgt von einem zweiten Zwerg, der sich neben ihn stellt. Dann fügen sich die übrigen Zwerge nacheinander hinzu, und eine Reihe formt sich. Damit die Sortierung nach Mützenfarbe funktioniert, müssen die Zwerge zwei Regeln beachten:

1. Falls die vorne stehenden Zwerge nur Mützen in einer Farbe tragen, platziert sich der neu hinzugekommene Zwerg am äußersten rechten oder linken Rand der Reihe.
2. Wenn bereits Zwerge mit blauen und grünen Mützen in der Reihe stehen, positioniert sich der neu hinzugekommene Zwerg exakt zwischen diejenigen Zwerge mit blauer Mütze auf der einen Seite und denen mit grüner Mütze auf der anderen Seite. Auf diese Weise steht er so oder so immer bei »seiner« Farbe.

DER AUTOR

Nach seinem Studium der Mathematik gründete der gebürtige Regensburger Nick (Nicolas) Klupak 2009 zunächst seine eigene Nachhilfeschule, AKADEMUS, die er bis heute leitet. Dabei führt er ein Team aus über 60 Dozentinnen und Dozenten. Um mehr Menschen die Mathematik zugänglich zu machen, startete er 2019 seinen ersten Social-Media-Kanal. Unter *MatheMitNick* erklärt er auf unterhaltsame Weise für jedermann verständlich mathematische Zusammenhänge und fasziniert Jung und Alt mit zahlreichen Beispielen aus dem Alltag. Heute zählt er zu den einflussreichsten »Sinnfluencern« im deutschsprachigen Raum und begeistert ein Millionenpublikum. Gleichzeitig engagiert sich Nick Klupak ehrenamtlich in der Jugendbildung.